国家出版基金项目
NATIONAL PUBLICATION FOUNDATION

大规模清洁能源高效消纳关键技术丛书

U0284026

清洁能源
网源协调规划技术

李生　张祥成 等　编著

中国水利水电出版社
www.waterpub.com.cn
·北京·

内 容 提 要

  本书是《大规模清洁能源高效消纳关键技术丛书》之一，全面、系统地对国内外清洁能源的发展、我国清洁能源的分布及发展规划、各种清洁能源的发电特性、清洁能源消纳能力分析、清洁能源网源协调技术、清洁能源特高压直流外送技术、清洁能源汇集接入技术等方面进行了深入剖析，通过大量的工程案例和数据对清洁能源网源协调规划技术的特点和实际应用进行了分析，对提高清洁能源系统的调节能力，解决我国清洁能源消纳方面有积极的作用。

  本书通俗简练、系统翔实、图文并茂，适合从事太阳能发电、风力发电以及电力系统规划、设计、调度、生产、运行等工作的工程技术人员阅读参考。

图书在版编目（CIP）数据

清洁能源网源协调规划技术 / 李生等编著. -- 北京：
中国水利水电出版社，2019.12
  （大规模清洁能源高效消纳关键技术丛书）
  ISBN 978-7-5170-8338-2

  Ⅰ．①清… Ⅱ．①李… Ⅲ．①无污染能源－能源管理
Ⅳ．①X382

  中国版本图书馆CIP数据核字(2020)第106294号

书　名	大规模清洁能源高效消纳关键技术丛书 **清洁能源网源协调规划技术** QINGJIE NENGYUAN WANGYUAN XIETIAO GUIHUA JISHU
作　者	李　生　张祥成　等 编著
出版发行	中国水利水电出版社 （北京市海淀区玉渊潭南路 1 号 D 座　100038） 网址：www.waterpub.com.cn E-mail：sales@waterpub.com.cn 电话：(010) 68367658（营销中心）
经　售	北京科水图书销售中心（零售） 电话：(010) 88383994、63202643、68545874 全国各地新华书店和相关出版物销售网点
排　版	中国水利水电出版社微机排版中心
印　刷	北京瑞斯通印务发展有限公司
规　格	184mm×260mm　16 开本　8.75 印张　181 千字
版　次	2019 年 12 月第 1 版　2019 年 12 月第 1 次印刷
印　数	0001—3000 册
定　价	**48.00 元**

《大规模清洁能源高效消纳关键技术丛书》
编　委　会

《清洁能源网源协调规划技术》
编　委　会

Preface

序

  世界能源低碳化步伐进一步加快，清洁能源将成为人类利用能源的主力。党的十九大报告指出：要推进绿色发展和生态文明建设，壮大清洁能源产业，构建清洁低碳、安全高效的能源体系。清洁能源的开发利用有利于促进生态平衡，发展绿色产业链，实现产业结构优化，促进经济可持续性发展。这既是对我中华民族伟大先哲们提出的"天人合一"思想的继承和发展，也是党中央、习主席提出的"构建人类命运共同体"中"命运"质量提升的重要环节。截至2019年年底，我国清洁能源发电装机容量9.3亿kW，清洁能源发电装机容量约占全部电力装机容量的46.4%；其发电量2.6万亿kW·h，占全部发电量的35.8%。由此可见，以清洁能源替代化石能源是完全可行的。

  现今我国风电、太阳能等可再生能源装机容量稳居世界之首；在政策制定、项目建设、装备制造、多技术集成等方面亦具有丰富的经验。然而，在取得如此优势的条件下，也存在着消纳利用不充分、区域发展不均衡等问题。目前清洁能源消纳主要面临以下困难：一是资源和需求呈逆向分布，导致跨省区输电压力较大；二是风电、光伏发电的出力受自然条件影响，使之在并网运行后给电力系统的调度运行带来了较大挑战；三是弃风弃光弃小水电现象严重。因此，亟须提高科学技术水平，更加有效促进清洁能源消纳的质和量，形成全社会促进清洁能源消纳的合力，建立清洁能源消纳的长效机制，促进清洁能源高质量发展，为我国能源结构调整建言献策，有利于解决清洁能源产业面临的各种技术难题。

  "十年磨一剑。"本丛书作者为实现绿色能源高效利用，提高光、风、水、热等多种能源综合利用效率，不懈努力编写了《大规模清洁能源高效消纳关键技术丛书》。本丛书从基础研究、成果转化、工程示范、标准引领和推广应用五个环节着手介绍了能源网协调规划、多能互补电站建模、测试以及快速调节技术、多能协同发电运行控制技术、储能运行控制技术和全国集散式绿色能源库规模化建设等方面内容。展现了大规模清洁能源高效消纳领域的前沿技术，代表了我国清洁能源技术领域的世界领先水平，亦填补了上述科技工程领域的出版空白，望为响应党中央的能源转型战略号召起一名"排头兵"的作用。

这套丛书内容全面、知识新颖、语言精练、使用方便、适用性广，除介绍基本理论外，还特别通过实测建模、运行控制、测试评估等原创性科技内容对清洁能源上述关键问题的解决进行了详细论述。这里，我怀着愉悦的心情向读者推荐这套丛书，并相信该丛书可为从事清洁能源消纳工程技术研发、调度、生产、运行以及教学人员提供有价值的参考和有益的帮助。

中国科学院院士 卢强

2019 年 9 月 3 日

Foreword
前言

　　能源是经济社会发展的重要物质基础。进入 21 世纪，随着能源安全、生态环境、气候变化等问题日益突出，以清洁、低碳、智能为特征的新一轮能源革命在全球范围内蓬勃兴起，能源生产清洁化、消费电气化、配置全球化成为大势所趋。控制化石能源消费，促进清洁能源发展，成为很多国家能源转型的重要方向。

　　我国能源消费总量位居世界第一，能源结构长期以化石能源为主，带来资源紧张、环境污染等突出问题，严重影响人们的生产生活和经济社会的可持续发展，优化能源结构、推进能源转型已刻不容缓。党中央、国务院高度重视清洁能源发展，确定了 2020 年、2030 年非化石能源占一次能源消费比重达到 15%、20% 的目标，把发展清洁能源作为我国能源转型的主攻方向。

　　2014 年 6 月，中央财经领导小组第六次会议提出能源"四个革命、一个合作"的重要论述，为推动我国能源转型提供了战略框架和基本遵循。2015 年 9 月，联合国发展峰会提出，探讨构建全球能源互联网，推动以清洁和绿色方式满足全球电力需求。2017 年 5 月，"一带一路"国际合作高峰论坛强调，抓住新一轮能源结构调整和能源技术变革趋势，建设全球能源互联网，实现绿色低碳发展。2017 年 10 月，党的十九大报告中指出，推进能源生产和消费革命，构建清洁低碳、安全高效的能源体系。关于能源革命的一系列重要论述，为加快清洁能源发展、推动能源转型、实现能源可持续发展指明了前进方向。

　　国家电网有限公司认真贯彻能源发展重要指示，以实际行动贯彻落实国家能源战略，坚持把推动再电气化、构建能源互联网、以清洁和绿色方式满足电力需求作为基本使命，把服务新能源发展作为重要的政治任务，持续推进坚强智能电网建设，着力打造广泛互联、智能互动、灵活柔性、安全可控、开放共享的新一代电力系统，多措并举、综合施策、千方百计推动我国清洁能源快速健康发展。截至 2017 年年底，国家电网有限公司清洁能源并网容量达到 5.1 亿 kW，其中水电、风电、太阳能发电的总装机容量分别为 2.2 亿

kW、1.5 亿 kW、1.2 亿 kW，均位居世界第一。

在取得成绩的同时也要看到我国清洁能源消纳还存在很多问题，清洁能源消纳利用是一个涉及电源、电网以及用电负荷的系统性问题。目前我国清洁能源消纳主要面临以下困难：一是资源和需求逆向分布，风光资源大部分分布在"三北"地区，水能资源主要集中在西南地区，而用电负荷主要位于中东部和南方地区，由此带来的跨省区输电压力较大；二是清洁能源高速发展与近年来用电增速不匹配，近年来在国家政策的积极支持下，清洁能源特别是风电、光伏发电的装机容量整体保持较快的增长速度，远超全社会用电量的增速，供需不匹配问题造成了较大的消纳压力；三是风电、光伏发电的出力受自然条件影响，存在较大的波动性，大规模并网后，给电力系统的调度运行带来了较大挑战。

《清洁能源网源协调规划技术》就是为适应清洁能源快速发展带来的难题，从规划层面提出系统的解决方案，促进网源协调发展。全书分 5 章，其中：第 1 章介绍清洁能源发展现状；第 2 章介绍清洁能源发电特性；第 3 章进行清洁能源消纳能力分析；第 4 章介绍清洁能源汇集并网技术；第 5 章介绍清洁能源网源协调规划技术，结合具体工程实践案例，给出清洁能源快速发展系统解决方案。

本书在编制过程中，得到了国网青海省电力公司、青海省能源局、国网能源研究院有限公司、国网经济技术研究院有限公司及有关高校等单位的大力支持。清洁能源是一个发展中的课题，还有许多问题有待进一步研究。本书是一个初步研究，有待继续深入，诚望各界专家和广大读者提出宝贵意见和建议。同时，限于作者水平，本书难免有疏漏或错误之处，敬请读者批评指正。

作者

2019 年 10 月

Contents 目录

第 1 章

清 洁 能 源 发 展 现 状

1.1　世界清洁能源发展现状

1.1.1　世界水电发展现状

近年来，世界水电的装机容量稳步增长，截至 2018 年年底，世界水电装机容量达到 12.46 亿 kW，同比增长 1.9%，增速比 2017 年上升 0.2 个百分点。2018 年世界水电新增装机容量约 2.32 亿 kW，同比增长 14.6%。2009—2018 年世界水电装机容量如图 1-1 所示。

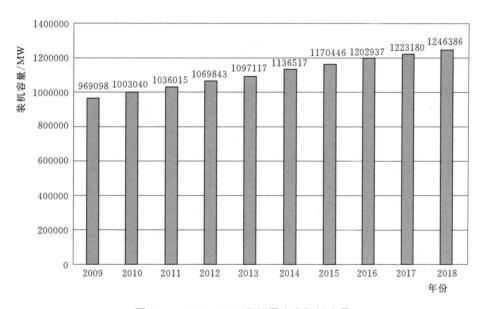

图 1-1　2009—2018 年世界水电装机容量

截至 2018 年年底，世界水电装机容量最多的国家依次为中国、美国、巴西、加拿大、俄罗斯，装机容量分别为 352260MW、101271MW、101069MW、80032MW、51499MW，合计占世界水电总装机容量的 55.1%。水电累计装机容量排名前十位的国家如图 1-2 所示。

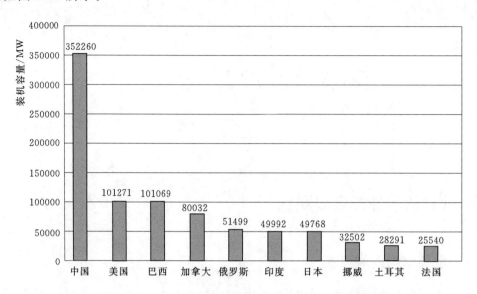

图 1-2 2018 年世界水电累计装机容量排名前十位的国家

2018 年新增水电装机容量最多的国家依次为中国、土耳其、巴西、越南、挪威等，新增装机容量分别为 8480MW、1018MW、668MW、583MW、528MW 等，中国新增水电装机容量居世界第一，约占世界水电新增装机容量的 47.8%。

抽水蓄能的发展与整体水电发展趋势相同，呈稳步增长趋势，但近来年来增速有所放缓。截至 2018 年年底，抽水蓄能的累计装机容量为 157320MW，约占世界水电总装机容量的 12.6%；2018 年新增抽水蓄能的装机容量约 1967MW，约占世界水电新增装机容量的 8.48%。2009—2018 年世界抽水蓄能的装机容量如图 1-3 所示。

1.1.2 世界太阳能发电发展现状

1.1.2.1 世界光伏发电发展现状

自 20 世纪 50 年代美国贝尔实验室 3 位科学家成功研制出单晶硅电池以来，光伏电池技术经过不断改进与发展，目前已经形成一套完整而成熟的技术。随着世界可持续发展战略的实施，该技术得到了许多国家的大力支持，在世界范围内广泛使用。

根据国际可再生能源机构（IRENA）最新数据，2018 年世界新增并网光伏发电装机容量 94.3GW，2018 年世界所有可再生能源发电新增装机容量 171GW，太阳能发电新增装机容量占可再生能源装机容量的一半以上，光伏发电累计装机容量占全球可再生能源的 1/3 左右。光伏发电装机容量从 2013 年的 135.76GW，逐步增长到 2017 年的

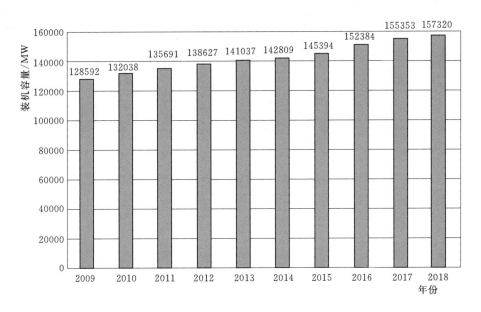

图 1-3 2009—2018 年世界抽水蓄能发电装机容量

386.11GW，再飞跃到 2018 年的 480.36GW；短短 5 年时间，实现了 3.5 倍的增长，增速惊人。2010—2018 年世界光伏发电新增及累计装机容量如图 1-4 所示[11]。

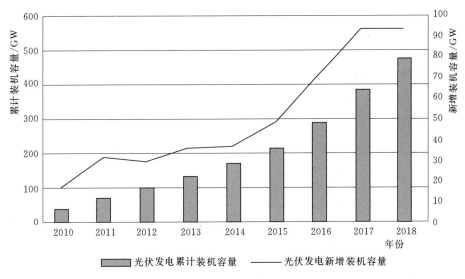

图 1-4 2010—2018 年世界光伏发电新增及累计装机容量

2018 年，亚洲地区以 64.1GW 的并网新增光伏发电装机容量独占鳌头，光伏发电累计装机容量从 2017 年的 210.8GW 增长到 2018 年的 274.9GW，成为世界光伏行业发展的明显推动力。其中，中国光伏发电累计装机容量 174.6GW，日本 55.5GW，印度 27.1GW，韩国 7.9GW，巴基斯坦 1.5GW。上述五个国家的光伏发电累计装机容量达到 269.7GW，约占亚洲整体光伏发电装机容量的 98.1%，助力亚洲成为各大洲中发展最强的地区。

IRENA 公布的数据显示，2018 年新增光伏发电装机容量前十位的国家分别是中国、印度、美国、日本、澳大利亚、德国、墨西哥、韩国、土耳其、荷兰，中国更是以 45GW 的光伏发电新增装机容量和 174.6GW 的光伏发电累计装机容量遥遥领先。2018 年世界光伏发电装机容量前十位国家的装机容量见表 1-1。

表 1-1 　　　　　2018 年世界光伏发电装机容量前十位国家的装机容量　　　　　单位：GW

排名	国家	新增装机容量	国家	累计装机容量
1	中国	45.0	中国	174.6
2	印度	10.8	美国	62.2
3	美国	10.6	日本	56.0
4	日本	6.5	德国	45.4
5	澳大利亚	3.8	印度	32.9
6	德国	3.0	意大利	20.1
7	墨西哥	2.7	英国	13.0
8	韩国	2.0	澳大利亚	11.3
9	土耳其	1.6	法国	9.0
10	荷兰	1.3	韩国	7.9

1.1.2.2　世界光热发电发展现状

世界光热发电装机容量稳步增长。截至 2018 年年底，世界光热发电装机容量约 547 万 kW，同比增长 10.4%，2009—2018 年世界光热发电装机容量如图 1-5 所示。

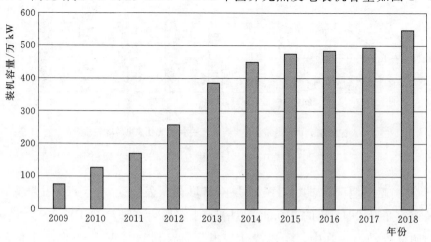

图 1-5　2009—2018 年世界光热发电装机容量

1.1.3 世界风电发展现状

世界风电装机增速放缓。截至 2018 年年底，世界风电装机容量达到 5.64 亿 kW，同比增长 9.5%，增速比 2017 年下降 0.7 个百分点。2018 年世界风电新增装机容量约 4910 万 kW，同比增长 3.2%。2009—2018 年世界风电装机容量如图 1-6 所示。

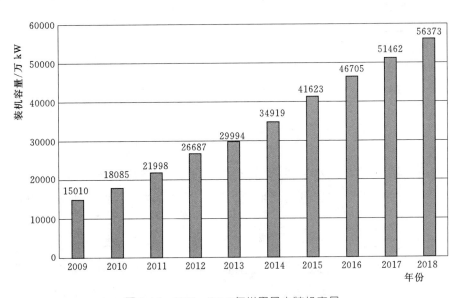

图 1-6　2009—2018 年世界风电装机容量

2018 年，从世界风电装机容量的总体分布情况看，亚洲、欧洲和北美洲仍然是世界风电装机容量最大的三个地区，风电累计装机容量分别达到 22903 万 kW、18249 万 kW 和 11199 万 kW，分别占世界风电累计装机容量的 41%、34% 和 20%，如图 1-7 所示。

中国、美国、德国、印度、西班牙位列世界风电装机容量前五名。截至 2018 年年底，世界风电装机容量最多的国家中由多到少依次为中国、美国、德国、印度和西班牙，装机容量分别为 18426 万 kW、9430 万 kW、5942 万 kW、3529 万 kW、2344 万 kW，合计占世界风电总装机容量的 70.4%。2018 年风电累计装机容量排名前十位的国家如图 1-8 所示。

2018 年风电新增装机容量最多的国家中由多到少依次为中国、德

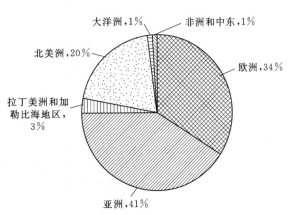

图 1-7　2018 年世界风电累计装机容量分布情况

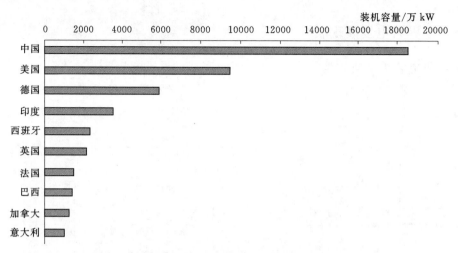

图 1-8　2018 年风电累计装机容量排名前十位的国家

国、美国、英国、印度，新增装机容量分别为 2101 万 kW、628 万 kW、626 万 kW、427 万 kW、418 万 kW，中国风电新增装机容量居世界第一，约占世界风电新增装机容量的 32.3%。

　　海上风电发展呈现地域较为集中的特点。截至 2018 年年底，海上风电累计装机容量 2336 万 kW，约占世界风电总装机容量的 4.1%；2018 年海上风电新增装机容量约 447 万 kW，约占世界风电新增装机容量的 9.09%。目前接近 80% 的海上风电位于欧洲，其他的示范项目位于中国、越南、日本、韩国和美国。截至 2018 年年底，欧洲海上风电累计装机容量 1852 万 kW，其中海上风电装机容量排名前三位的国家依次为英国（830 万 kW）、德国（641 万 kW）、中国（460 万 kW）；2018 年欧洲海上风电新增装机容量 267 万 kW，其中 49% 集中在英国（131 万 kW），36.3% 集中在德国（96.9 万 kW）。2009—2018 年世界海上风电装机容量如图 1-9 所示。

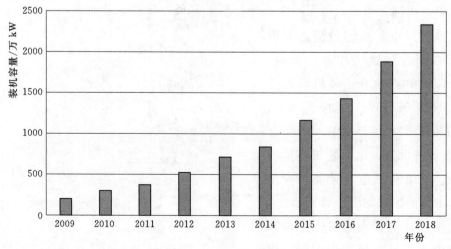

图 1-9　2009—2018 年世界海上风电装机容量

1.2 我国清洁能源发展现状

2018 年中国清洁能源（包括非化石能源和天然气）占一次能源消费总量比重合计约为 22.2%，较 2012 年提高了 7.7 个百分点，但距离 2030 年达到 35% 左右的目标还有一定差距。

中国的能源行业体量巨大，在转型过程中遇到了应对全球气候变化和生态保护方面的挑战、能源转型的适用技术和成本方面的挑战、能源结构与供给消费分布不均匀的挑战等。

针对上述挑战，中国有以下能源转型对策：

（1）持续推动能源消费结构调整，进一步提高清洁能源占比。持续优化能源消费结构，加快清洁低碳转型，并积极推进煤炭清洁高效开发利用。

（2）通过科技创新降低清洁能源的供给成本。近年来可再生能源规模化快速发展，成本不断下降，资源优良、建设成本低、投资和市场条件好的地区已初步具备对化石能源的成本优势，风电、光伏发电的成本已接近火电，为未来发展提供了有益经验。未来还需要促进可再生能源成本继续快速下降，提高市场竞争力。

（3）清洁能源开发坚持分布式与集中式并举。未来中国中东部和南方等电力负荷中心地区将大力发展分散式风电、分布式光伏发电，因地制宜发展生物质能、地热能、氢能等，提高以清洁能源为主的分布式能源系统的应用比重，使能源就地供给、就近消纳。

中国将继续壮大清洁能源产业发展，全面建成清洁低碳、安全高效的能源体系，实现能源转型的战略目标。

1.2.1 国内水电发展现状

中国水电开发比国外起步晚，第一座水电站——石龙坝水电站，位于云南省昆明市郊，于 1910 年 7 月开工，1912 年 4 月投入使用。从水电开发起步到 1950 年，中国水电一直处于缓慢开发状态，直到 1950 年以后水电开发有了较大的发展。我国首座百万千瓦级大型水电站——刘家峡水电站，于 1958 年 9 月开工建设，1974 年 12 月全部建成，是当时全国最大的水利电力枢纽工程，曾被誉为"黄河明珠"。之后又修建了龙羊峡水电站，是黄河上游第一座大型梯级电站。1971 年 5 月葛洲坝水电站开工兴建，于 1988 年 12 月全部竣工，是长江干流上的第一座大型水电工程。1994 年开工建设的三峡水利枢纽，装机容量 2250 万 kW，2009 年全部完工，到目前为止是世界上最大的水电站。

中国常规能源剩余可采总储量的构成为：原煤 61.6%、水力 35.4%、原油

1.4％、天然气 1.6％。水力资源仅次于煤炭，居于十分重要的战略地位。

近年来，国内水电装机规模增长逐年放缓。2018 年新增水电装机容量 848 万 kW，截至 2018 年年底，国内水电累计总装机容量达到 35226 万 kW，同比增长 2.5％，增速放缓，降低 1 个百分点。2010—2018 年国内水力发电累计装机容量如图 1-10 所示。

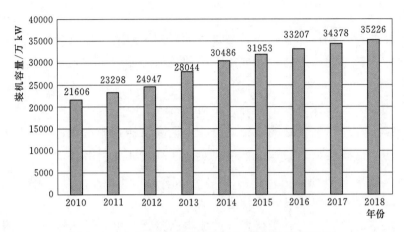

图 1-10　2010—2018 年国内水力发电累计装机容量

水电在实现非化石能源发展目标中起着举足轻重的作用，根据《水电发展"十三五"规划（2016—2020）》，要实现 2020 年非化石能源占一次能源消费比重 15％的目标，水电的比重须达到 8％以上，常规水电发展目标要达到 3.5 亿 kW，相应地，"十二五""十三五"常规水电新增装机容量分别达到 0.67 亿 kW、0.9 亿 kW。"十二五"期间我国水电开工装机容量为 1.2 亿 kW，年均开工装机容量 2400 万 kW，是我国水电发展五年规划历史上开工装机容量最大、开工数量最多的 5 年。由于水电建设周期长，加之受前期工作滞后、建设难度加大等影响，开发建设存在诸多不确定因素，水电建设时间紧、任务艰巨。

近年来，我国水电建设投资力度呈逐渐下降的趋势，至 2016 年，我国水电投资额为 617 亿元，比上年同比减少 21.80％，为近几年的最低点。2017 年，在全国两会上，"弃水"问题首次写入政府工作报告，全面解决"弃水"问题成为 2017 年水电行业的重点工作之一，"弃水"消纳直接带动了水电建设的投资规模。2017 年，我国水电投资规模小幅上升，为 618 亿元，同比增长 0.16％。2018 年，水电消纳政策进一步升级，截至 2018 年年底，我国水电建设投资规模为 700 亿元，同比大幅增长 13.27％。2013—2018 年国内水电建设投资规模和增速如图 1-11 所示。

1.2.2　国内太阳能发电发展现状

我国地域辽阔，太阳能资源也非常充足，每年的平均光照时数大于 2000h，优于

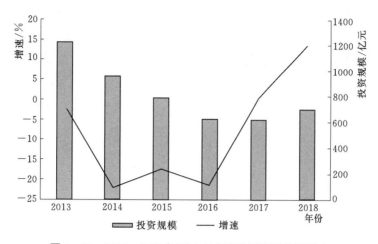

图 1-11　2013—2018 年国内水电建设投资规模和增速

同纬度其他国家。近年来，太阳能发电保持快速增长。2018 年，中国太阳能发电新增装机容量 4521 万 kW，占全部清洁能源新增装机容量的 68%。截至 2018 年年底，太阳能发电累计装机容量 17463 万 kW，同比增长 35%，占电源总装机容量的 9.2%。2010—2018 年国内太阳能发电累计装机容量及占比情况如图 1-12 所示。

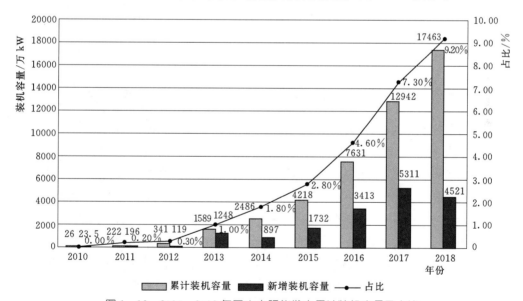

图 1-12　2010—2018 年国内太阳能发电累计装机容量及占比

从新增装机布局看，华东地区新增装机容量为 1066 万 kW，占全国的 24%；华中地区新增装机容量为 588 万 kW，占全国的 13%；西北地区新增装机容量为 619 万 kW，占全国的 14%。

截至 2018 年年底，山东、江苏、浙江、安徽四省太阳能发电累计装机容量超过 1000 万 kW。

太阳能发电布局向消纳较好的东中部地区转移。2018 年，"三北"地区太阳能发电累计装机容量占比较 2015 年降低了 16 个百分点，东中部地区提高了 16 个百分点。

分布式光伏发电累计装机容量突破 5000kW。2018 年，我国分布式光伏发电新增装机容量 2044 万 kW，同比增长 5％，占全部太阳能发电新增装机容量的 45％。截至 2018 年年底，分布式光伏发电累计装机容量 5010 万 kW，同比增长 69％。2018 年，国家电网公司经营区分布式光伏发电新增并网容量 1891 万 kW，累计并网容量 4701 万 kW，占全国的 94％，如图 1 - 13 所示。

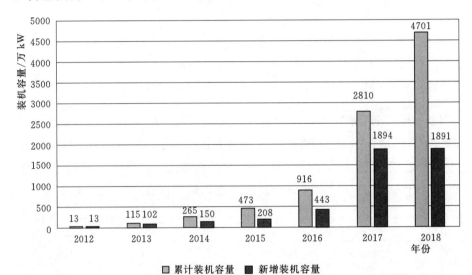

图 1 - 13　2012—2018 年国家电网经营区分布式光伏发电累计和新增并网容量

浙江等 11 个省份分布式光伏发电累计并网容量超过 100 万 kW，其中浙江、山东、江苏均超过 500 万 kW，如图 1 - 14 所示。

太阳能光热发电取得新进展。2018 年 10 月，中广核德令哈 5 万 kW 导热油槽式光热发电示范项目正式投运。2018 年 12 月，首航节能敦煌 10 万 kW 熔盐塔式光热电站并网发电。截至 2018 年年底，我国光热发电累计装机容量达到 17 万 kW。

国家首批 20 个光热发电示范项目的延期承诺情况已经明晰，承诺继续建设的 16 个项目中，具备建设条件的均已全面复工，尚未开建的项目正加快前期开发工作。

1.2.3　国内风电发展现状

我国风电场建设始于 20 世纪 80 年代，在其后的十余年中，经历了初期示范阶段和产业化建立阶段，装机容量平稳、缓慢增长。自 2003 年起，随着国家发展改革委首期风电特许权项目的招标，风电场建设进入规模化及国产化阶段，装机容量增长迅速。在 2003 年召开的全国大型风电场建设前期工作会议上，国家发展改革委部署开展全国大型风电场建设前期工作，要求各地开展风能资源详查、风电场规

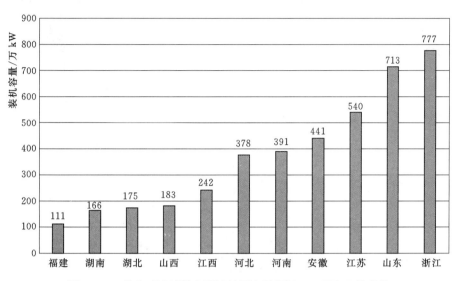

图 1-14　分布式光伏发电累计并网容量超过 100 万 kW 的省份

划选址和大型风电场预可行性研究工作。通过此项工作，各省（自治区、直辖市）基本摸清了风能资源储量，结合风电场选址，提出了各自的规划目标，为风电的快速发展打下了良好的基础。2006 年开始，连续四年装机容量翻番，形成了爆发式的增长。近年来我国风电的快速发展，得益于明确的规划和不断更新升级的发展目标，使得地方政府、电网企业、运营企业和制造企业坚定了对风电发展的信心，并且有了一个努力的方向和目标；风电的快速发展，也促使规划目标不断地修正和完善。

风电装机容量稳步增长。2018 年，全国风电新增装机容量 2101 万 kW，同比增长 33%，风电累计装机容量 18426 万 kW，同比增长 13%，占全国总装机容量的 9.7%。2010—2018 年国内风电新增装机容量、累计装机容量及占比情况如图 1-15 所示。

分区域看，中国风电主要集中在华北北部、西北区域，而华东、华中、南方等区域装机容量相对较低。虽然近年来我国东部、中部各省风电装机容量增速提高，但是持续多年的"北高南低"的风电装机布局短期内难以改变。

截至 2018 年年底，中国累计并网容量超过 1000 万 kW 的风电大省（自治区）达到 6 个，主要集中在华北、西北区域，分别为内蒙古、新疆、甘肃、河北、山东、宁夏等地。其中内蒙古风电累计并网容量最高，达到 2869 万 kW。而华中、华东各省则相对较低，累计并网容量普遍低于 300 万 kW。

风电布局向消纳较好的东中部地区转移。2018 年，"三北"地区风电累计装机容量占比较 2015 年降低了 9 个百分点，东中部地区提高了 8 个百分点。

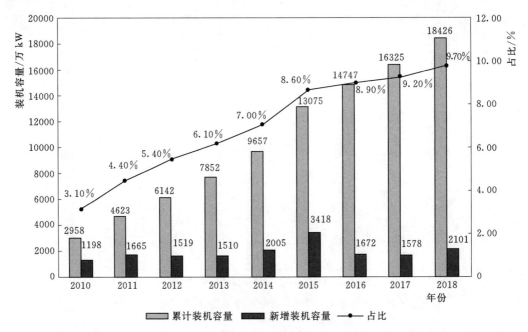

图 1-15　2010—2018 年国内风电新增装机容量、累计装机容量及占比

海上风电发展迅猛。截至 2018 年年底，中国海上风电累计装机容量 363 万 kW，同比增长 80%，主要集中在江苏、上海、福建和天津。截至 2018 年年底，江苏、上海、福建和天津海上风电累计装机容量分别为 303 万 kW、31 万 kW、20 万 kW、9 万 kW。2014—2018 年国内海上风电累计装机容量如图 1-16 所示。

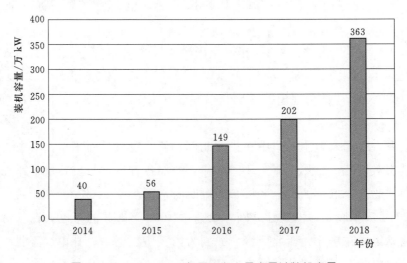

图 1-16　2014—2018 年国内海上风电累计装机容量

国家标准化管理委员会发布的《2018 年中国国家标准公告》显示，据不完全统计，2018 年以来，全国共批准了 29 个风电标准，并在 2018—2019 年实施了重要的风

电标准，涉及《风力发电机组　防雷装置检测技术规范》（GB/T 36490—2018）、《海上风电场风力发电机组基础技术要求》（GB/T 36569—2018）、《风力发电机组　故障电压穿越能力测试规程》（GB/T 36995—2018）等。

　　2018 年国家标准的大量发布实施，将进一步完善我国风电标准体系，提高风电机组并网运行性能，保障电网安全稳定运行，推进与国际先进技术接轨并提高产品国际竞争力。

第 2 章

清 洁 能 源 发 电 特 性

　　清洁能源与传统化石能源不同，其发电特性具有随机性、波动性、间歇性等特点，这也是清洁能源消纳问题产生的原因之一。本章通过对清洁能源发电出力建模，进一步详细刻画清洁能源发电的出力过程，最后建立清洁能源出力特性指标体系，用于客观量化评价各类清洁能源的出力特性，为进一步掌握各类清洁能源出力过程、解决清洁能源消纳问题提供理论基础。

2.1　清洁能源发电出力建模

2.1.1　光热发电出力模型

　　光热发电系统主要由聚光系统、集热系统、热传输系统、蓄热贮存系统（可以没有）、汽轮机等组成。集热器接收聚光器聚集的太阳能，通过管内热载体将水加热成蒸汽，推动汽轮机发电。由于地球表面接收太阳能辐射分散（$\leqslant 1000 \mathrm{W/m^2}$），利用太阳能发电时必须通过镜场聚光，把分散的太阳能集中在一起，变成高品质热能，以提高其利用效率。国内外目前采用的聚光方式以塔式、槽式和碟式 3 种为主。

　　以槽式光热发电为例，光热电站出力求取流程图如图 2-1 所示。图中虚线框内是整个流程的输入端，包括地理数据、太阳能模块数据、集热器特性、气象数据、太阳能场传热流体数据、储存器流体特性和设备的技术特点。该算法使用地理和气象数据，结合太阳能领域规格来计算太阳跟踪模式下的集热器相应太阳时间和太阳入射角。这些结果与太阳能模块的计算效率、集热器损耗、太阳能模块管道损失结合，以获得由太阳能提供的可利用热量。通过计算得出传热流体温度，然后用于研究太阳能模块可利用热量。储罐的状态和涡轮机的状态决定了光热电站的操作模式，计算出相应的热功率后，结合电源模块等设备的参数，并用于计算总发电，再结合自身损耗计算得出光热电站的净电力。

　　通过复杂的分析计算，光热电站的最终简化出力为

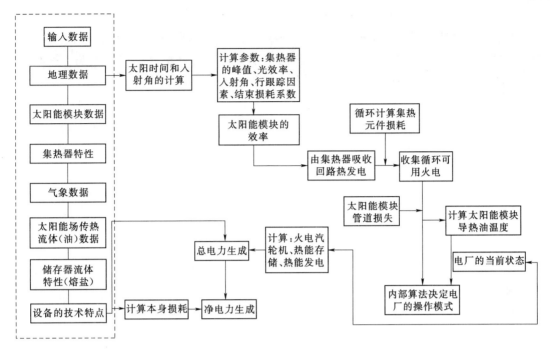

图 2-1　光热电站出力求取流程图

$$P_{e,gross} = \eta_{exch} P_{t,in,htf} \eta_{PB}(\eta_{exch}, P_{t,in,htf}) \qquad (2-1)$$

式中　　　η_{exch}——蒸汽热交换的效率;

$\qquad P_{t,in,htf}$——电源模块（水蒸气侧）的热功率输入;

$\eta_{PB}(\eta_{exch}, P_{t,in,htf})$——当前状态下电源模块的效率。

2.1.2　风力发电出力模型

1. 风速模型

风速分布一般为正偏态分布,常用的拟合模型有瑞利分布、对数正态分布和威布尔分布,其中两参数威布尔分布是绝大多数情况下,拟合效果最好、应用最为广泛的一种。威布尔分布的拟合方法有最小二乘法、极大似然估计法、矩估计法、最小误差逼近法等,即 v 的概率分布也可求。

两参数威布尔分布是一种单峰的分布函数簇,概率密度函数可表示为

$$f(v) = \left(\frac{k}{c}\right)\left(\frac{v}{c}\right)^{k-1} \exp\left[-\left(\frac{v}{c}\right)^{k}\right] \qquad (2-2)$$

与之相应的分布函数为

$$F(v) = 1 - \exp\left(\left[-\left(\frac{v}{c}\right)^{k}\right]\right) \qquad (2-3)$$

式中　k——威布尔分布的形状参数,$k>0$;

c——威布尔分布的尺度参数，$c>0$。

尺度参数反映该风电场的平均风速，形状参数反映风速分布密度函数的形状，其概率密度如图 2-2 所示。形状参数 k 的值越小，风速的分布范围越大。当 $k=2$ 时，便成为瑞利分布，可见瑞利分布是两参数威布尔分布的特例。

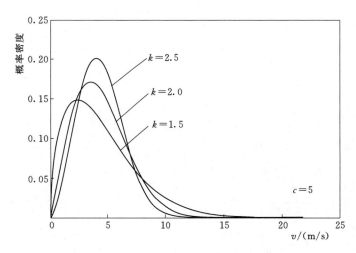

图 2-2　风速威布尔分布的概率密度图

已知风速 v 和风速中的确定性变化 d 的概率分布，可通过反卷积的方法确定风速中的随机变量 p 的概率分布，用半不变量法将反卷积简化为半不变量的减法，再应用相应的级数展开式来计算 p 的概率分布。

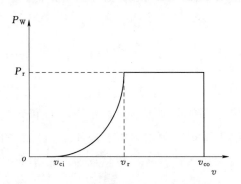

图 2-3　风电机组输出功率特性曲线

2. 风电机组出力

目前，风电机组多采用异步发电机、双馈感应电机和同步感应电机，但就风电机组出力与风速之间的关系而言，基本遵从如图 2-3 所示的函数关系。其中，P_r 为风电机组的额定功率，v_{ci} 为切入风速，v_r 为额定风速，v_{co} 为切出风速。

由图 2-3 可以得到风电机组输出功率 P_W 与风速 v 之间的函数关系式为

$$P_W = \begin{cases} 0 & v \leqslant v_{ci} \\ A+Bv+Cv^2 & v_{ci}<v \leqslant v_r \\ P_r & v_r<v \leqslant v_{co} \\ 0 & v>v_{co} \end{cases} \quad (2-4)$$

其中

$$A = \frac{1}{(v_{ci} - v_r)^2} \left[v_{ci}(v_{ci} + v_r) - 4(v_{ci} + v_r)\left(\frac{v_{ci} + v_r}{2v_r}\right)^3 \right]$$

$$B = \frac{1}{(v_{ci} - v_r)^2} \left[4(v_{ci} + v_r)\left(\frac{v_{ci} + v_r}{2v_r}\right)^3 - (3v_{ci} + v_r) \right] \qquad (2-5)$$

$$C = \frac{1}{(v_{ci} - v_r)^2} \left[2 - 4\left(\frac{v_{ci} + v_r}{2v_r}\right)^3 \right]$$

式中　A、B、C——风电机组功率特性曲线参数，不同风电机组会稍有不同。

当风速介于切入风速 v_{ci} 和切出风速 v_{co} 之间时，风电机组输出功率与风速的函数可以近似为线性关系，即

$$\eta(v) = P_r \frac{v - v_{ci}}{v_r - v_{ci}} \qquad (2-6)$$

3. 尾流效应

风电场由并联安装在同一地点的几十台甚至上百台风电机组组成。由于尾流的影响，坐落在下风向的风电机组的风速将低于坐落在上风向的风电机组的风速，称为尾流效应。在确定风电场输出功率时必须考虑尾流效应，常见的尾流效应模型有 Jensen 模型和 Lissaman 模型，处于平坦地形的风电机组可用 Jensen 模型分析，处于复杂地形的风电机组可用 Lissaman 模型分析。对于规划阶段的风电场，可以假设同一风电场内所有风电机组的风速和风向相同，用所有风电机组总输出功率之和乘以一个表示尾流效应的系数即为该风电场的输出功率。

风电场的运行经验表明，可通过合理布局来减少尾流效应损失，尾流造成损失的典型值是 10%，现将风电机组的总输出功率乘以典型系数值 0.9 来表示风电场的实际输出功率。

2.1.3　光伏发电出力模型

光伏出力与光伏阵列上接收到的太阳辐射强度、光伏阵列面积及光电转换效率等因素密切相关，因此对太阳辐射强度和光伏阵列的输出功率分别建模。

全年的太阳辐射总量从赤道向两极递减；纬度越高，辐射总量越小。太阳辐射日总量主要取决于太阳赤纬角 δ，即太阳光线与地球赤道面的交角，可由 Cooper 方程近似计算为

$$\delta = 23.45 \sin\left[\frac{360}{365}(284 + n)\right] \qquad (2-7)$$

式中　n——年积日，即一年中从元旦算起的天数，$n = 1, 2, \cdots, 365$（闰年为 366），例如 1 月 5 日则 $n = 5$。

太阳辐射日总量表现出明显的季节（月）变化特性，全年呈单峰型，如图 2-4 所示。

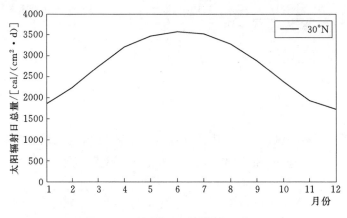

图 2-4　太阳辐射日总量变化情况

　　一日之内太阳辐射强度的变化主要受太阳高度的影响，太阳高度由太阳位于地平面以上的高度角来表征，是指太阳光线与该地作垂直于地心的地表切线的夹角。太阳高度角 h 的表达式为

$$\sin h = \sin\phi\sin\delta + \cos\phi\cos\delta\cos\omega \tag{2-8}$$

式中　ϕ——纬度；

　　　δ——太阳赤纬角；

　　　ω——太阳时角，正午时为 $0°$，每隔 $1h$ 变化 $15°$，上午为正，下午为负。

　　由式（2-8）可知，太阳辐射强度正午时最大，早晚较小，夜间为 0，晴天情况下大致呈对称的单峰型，如图 2-5 所示。

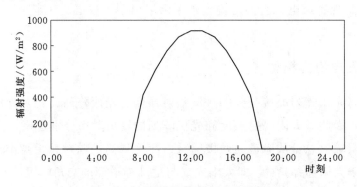

图 2-5　太阳辐射强度日变化特性

1. 考虑天气因素的辐射模型

　　将太阳辐射强度分解为不考虑天气因素的确定性部分和反映天气因素的随机性两部分，前者采用理想晴空太阳辐射强度模型来描述太阳辐射强度的年、日变化特性，后者采用随机性模型来描述云遮等随机因素的影响，并基于规划阶段光伏电站可获得的数据来确定随机变量的参数。

2. 理想晴空太阳辐射强度模型

光伏阵列上接收到的太阳辐射总量包括直接太阳辐射、天空散射辐射和地面反射辐射三部分，如图 2-6 所示。

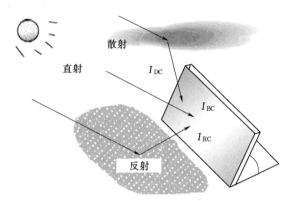

图 2-6 太阳辐射总量的组成图

太阳光线垂直面上的直射强度 I_B 为

$$I_B = \left\{ 1160 + 75\sin\left[\frac{360}{365}(n-275)\right] \right\} e^{-km} \qquad (2-9)$$

其中

$$m = \frac{1}{\sin h} \qquad (2-10)$$

$$k = 0.174 + 0.035\sin\left[\frac{360}{365}(n-100)\right] \qquad (2-11)$$

式中　n——年积日；

　　　h——太阳高度角；

　　　m——大气质量；

　　　k——光学厚度。

倾斜面上的太阳直射强度 I_{BC}、散射强度 I_{DC} 和反射强度 I_{RC} 为

$$I_{BC} = I_B[\cos h \cos(\phi_s - \phi_c)\sin\beta + \sin h \cos\beta] \qquad (2-12)$$

$$I_{DC} = CI_B \frac{1+\cos\beta}{2} \qquad (2-13)$$

$$I_{RC} = \rho I_B(\sin\beta + C)\frac{1-\cos\beta}{2} \qquad (2-14)$$

其中

$$C = 0.095 + 0.04\sin\left[\frac{360}{365}(n-100)\right] \qquad (2-15)$$

式中　ϕ_s——太阳方位角；

　　　ϕ_c——光伏阵列方位角，即光伏阵列垂直面与正南方向的夹角（向东为负，向西为正）；

β——光伏阵列的倾角，即光伏阵列与水平面之间的夹角，如图 2-7 所示；

C——散射系数；

ρ——地面反射率。

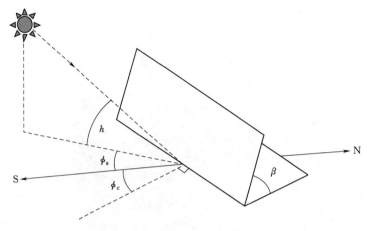

图 2-7 光伏阵列的方位角与倾角

光伏阵列上接收到的总辐射强度 I_C 为

$$I_C = I_{BC} + I_{DC} + I_{RC} \qquad (2-16)$$

3. 天气因素随机性模型

光伏阵列上的太阳辐射强度因受云层遮蔽等因素的影响，在晴天辐射强度的基础上有所降低，表现出明显的波动性和不确定性。据统计，在一定时间段内辐射强度近似成贝塔分布，其概率密度函数为

$$f(I) = \frac{\Gamma(\alpha+\beta)}{\Gamma(\alpha)\Gamma(\beta)} \left(\frac{I}{I_C}\right)^{\alpha-1} \left(1 - \frac{I}{I_C}\right)^{\beta-1} \qquad (2-17)$$

式中 I、I_C——这一时间段内的实际辐射强度和最大辐射强度（理想晴空辐射强度）；

α、β——贝塔分布的形状参数；

Γ——Gamma 函数。

贝塔分布的数学期望 $\mu = \dfrac{\alpha}{\alpha+\beta}$，方差 $\sigma^2 = \dfrac{\alpha\beta}{(\alpha+\beta)^2(\alpha+\beta+1)}$。因此，$\alpha$ 和 β 可由数学期望 μ 和方差 σ^2 确定 α 和 β，计算公式为

$$\alpha = \mu\left[\frac{\mu(1-\mu)}{\sigma^2} - 1\right] \qquad (2-18)$$

$$\beta = (1-\mu)\left[\frac{\mu(1-\mu)}{\sigma^2} - 1\right] \qquad (2-19)$$

对于贝塔分布来说，α 和 β 的变化将导致贝塔分布曲线形状的变化。当 $\alpha > 1$ 且

$\beta > 1$ 时，贝塔的概率分布曲线呈单峰状，在 $(\alpha-1)/(\alpha+\beta-2)$ 处达到最大值；当 $\alpha \leqslant 1$ 且 $\beta > 1$ 时，贝塔的概率分布曲线是严减函数；当 $\alpha > 1$ 且 $\beta \leqslant 1$ 时，贝塔的概率分布曲线是严增函数；当 $\alpha < 1$ 且 $\beta < 1$ 时，贝塔的概率分布曲线呈 U 形，在 $(1-\alpha)/(2-\alpha-\beta)$ 处达到最小值。当 $\alpha = \beta$ 时，贝塔分布是对称的，如当 $\alpha = \beta = 1$ 时，贝塔分布就是 $(0, 1)$ 上的均匀分布；当 $\alpha = \beta = 2$ 时，贝塔分布是梯形分布；当 $\alpha = \beta = 4$ 时，贝塔分布就是正态分布。当 $\alpha \neq \beta$ 时，贝塔分布是不对称的，当 $\alpha = 2$ 且 $\beta = 3.4$，贝塔分布就是瑞利分布。

前面所述的反映并网光伏电站长期平均水平的代表性数据，可根据实际需要，按全年或各月或不同时段分别计算太阳辐射强度的均值 μ 和方差 σ^2，进而确定贝塔分布的形状参数 α 和 β。

4. 光伏阵列出力模型

光伏阵列的输出功率取决于太阳辐射强度、阵列面积和光电转换效率。对于一个具有 M 个电池组件的光伏阵列，每个组件的面积和光电转换效率分别为 A_m 和 $\eta_m (m=1, 2, \cdots, M)$，则光伏阵列的输出功率为

$$P_{\text{solar}} = IA\eta \qquad (2-20)$$

其中

$$A = \sum_{m=1}^{M} A_m \qquad (2-21)$$

$$\eta = \frac{\sum_{m=1}^{M} A_m \eta_m}{A} \qquad (2-22)$$

式中　A——电池阵列的总面积；

　　　η——电池阵列的等效光电转换效率。

2. 1. 4　典型特性出力构建方法

1. 主流构建方法

近年来，国内外学者对于风电和光伏发电的时间序列特性及模型做了相关研究，主要方法及其各自特点如下：

（1）根据风速服从威布尔分布随机抽样风速时间序列并转化成风电出力的时间序列，但这种方法得到的风电出力时间序列没有包含实际风电出力的时序性，得到的风电出力极有可能会出现短时大幅波动，与实际出力情形相违背。

（2）根据时间序列自回归滑动平均模型 ARMA 及相关衍生模型对风电、光伏发电出力时间序列进行建模，此方法适用于短时风光出力预测，但长时间尺度模拟时风光出力水平的概率分布难以保证。

（3）根据风电、光伏发电装机容量的变化对已有历史出力适当调整，将调整后的

出力直接应用到电力系统分析，此方法可靠性较高、更为方便直接，但结果不能完全反映未来情况，由于风光出力年际、月际、日际变化都比较大，得到的结果不能有效地推广，不能对未来进行有效的评估。

（4）关注风速或光照本身所具有的性质，提出了基于风速或光照周期性及连续性的风速、光照组合模型，但此方法将一天的风光出力当作一个单元不尽合理。

（5）对风速或光照时间序列进行频谱分析，利用小波逆变换得到风速和光照的时间序列。这种方法可以得到符合波动特性的风速和光照的时间序列，但不能完整地模拟其随机性和波动性。

（6）基于单纯的蒙特卡罗模拟方法，该方法保证了风电、光伏发电出力的概率分布特征，但无法体现相邻时刻的转移规律，容易造成出力曲线剧烈波动，不符合实际出力的情况。

2. MCMC 方法

MCMC 方法可用于构建清洁能源发电典型特性曲线。MCMC 方法将随机过程中的马尔科夫链引入到蒙特卡罗模拟中，动态模拟一个马尔科夫链，该链的静止分布即是期望得到的目标分布。换言之，如果模拟了一条这样的马尔科夫链，去除掉前面一部分样本之后，就可以认为后面的样本来自于平稳分布。

马尔科夫性是指在已知"现在"的条件下，"未来"与"过去"彼此独立的特性，即下一时刻状态 $x^{(n+1)}$ 仅与当前状态 $x^{(n)}$ 有关而与其他时刻状态无关。采用已在相关领域得到广泛应用的 Gibbs 抽样来构造风光发电功率时间序列的马尔科夫链。

（1）离散状态与研究周期。马尔科夫链对应于一系列离散化的状态，而间歇性电源的每一个发电功率值都将属于特定的状态。假定某间歇电源在一定时期内的出力范围为（$X_{\min}$，$X_{\max}$），选取离散状态数据为 N，则每一状态将覆盖的功率区间大小为（$X_{\max} - X_{\min}$）$/N$。根据已有统计数据，将风电、光伏发电出力分为 12（月）×24（小时）序列，可知：风电出力考虑季节性变化，以月份为周期＝12 个马尔科夫 MC 链；光伏发电出力考虑季节性以及时段性变化，季节性方面以月份为周期＝12 个马尔科夫 MC 链，时段性方面考虑离散状态变量定义（不排除出现负值）。

（2）状态转移过程。选取离散状态为 $x\{1, \cdots, N\}$，各状态之间的转移概率用状态转移矩阵 $\boldsymbol{P}$ 表示。该矩阵在状态转移过程中保持不变，矩阵元素可由下式进行估计

$$P_{ij} = P_{\mathrm{T}}(x^{(n)} = j \mid x^{(n-1)} = i) = n_{ij} / \sum_{k=1}^{N} n_{ik} \qquad (2-23)$$

式中　$x^{(n)}$、$x^{(n-1)}$——n 和 $n-1$ 时刻的状态；

$\quad\quad\quad P_{ij}$——$n-1$ 时刻状态 i 转移到 n 时刻状态 j 的概率；

n_{ij}——转移过程 $i \rightarrow j$ 的转移次数；

P_T——概率函数。

（3）MCMC 仿真流程。MCMC 仿真流程如图 2-8 所示。

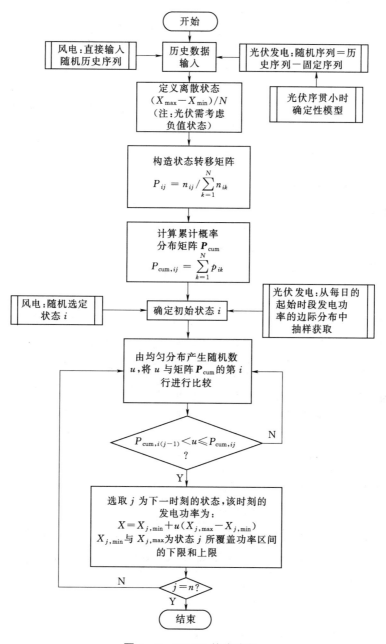

图 2-8 MCMC 仿真流程

（4）算例验证。

1）风电。将酒泉地区某风电场出力实测数据作为本算例的基准序列，根据其统计特性构造相应的转移矩阵，从而进行 MCMC 模拟。仿真长度设置为 1 年，离散状态数 N 选取为 10、20、50、100。考虑到风电场计算极限转移矩阵所需收敛次数为 1000～2000 次，设置马尔科夫链的收敛次数为 $m=3000$。风电 MCMC 模拟序列与原始序列统计参数对比见表 2-1 和图 2-9。

表 2-1　　　　　　　　　风电 MCMC 模拟序列与原始序列统计参数对比

统计参数		原始序列	$N=10$	$N=20$	$N=50$	$N=100$
月指标	均值	0.2247	0.2003	0.2321	0.3034	0.2295
	标准差	0.054	0.0497	0.0685	0.0838	0.0616
年指标	均值	0.2666	0.2702	0.2676	0.2552	0.2719
	标准差	0.0500	0.0522	0.0497	0.0495	0.0492

统计结果表明，模拟序列很好地保持了历史序列所具有的基本统计特性。随着状态数的变化而变化，但都围绕在历史序列相应统计参数附近。这是由于马尔科夫过程属于随机过程，由 MCMC 仿真得到的时间序列，一方面较好地保持了历史序列的统计特性；另一方面也保持了自身的随机性，其统计参数将在较小范围内波动。而事实上，获取一系列具有相似统计特性但又不完全相同的时间序列将对电力系统仿真分析更有实际意义。

2）光伏发电。将格尔木地区某光伏电站 2013 年的光伏出力实测数据作为本算例的历史序列，根据其统计特性构造相应的转移矩阵，从而进行 MCMC 模拟。与风电不同的是，光伏发电出力通常可分为不考虑天气因素影响、仅与当地太阳辐射强度有关的确定性部分，以及考虑天气因素影响的随机性部分。由于 MCMC 模拟仅针对随机序列，为了提高模拟精度，首先建立了考虑实测地与北京时间时差的光伏阵列上太阳辐射强度的序贯小时确定性模型。

将原始序列与模拟序列固定部分的差值作为新的历史序列输入 MCMC 程序，由于光伏发电随机部分会出现正负交替的现象，离散状态数的选取不同于风电。对应风电 N 取 10，20，50，100，光伏发电的 MCMC 将状态间隔 X_0 定义为 0.1，0.05，0.02，0.01。仿真结果见表 2-2 和图 2-10。

表 2-2　　　　　　　光伏发电出力 MCMC 模拟序列与原始序列统计参数对比

统计参数		原始序列	$X_0=0.1$	$X_0=0.05$	$X_0=0.02$	$X_0=0.01$
月指标	均值	-0.1652	-0.1736	-0.1506	-0.1707	-0.1719
	标准差	0.059	0.0664	0.0482	0.0614	0.0628

统计结果表明，模拟序列依旧很好地保持了历史序列所具有的基本统计特性。且与风电 MCMC 的模拟序列统计参数对比发现：随着离散状态数的增加，风电场仿真序列的均值与标准差存在的波动性逐渐增加，即 MCMC 仿真过程的随机性增大。而

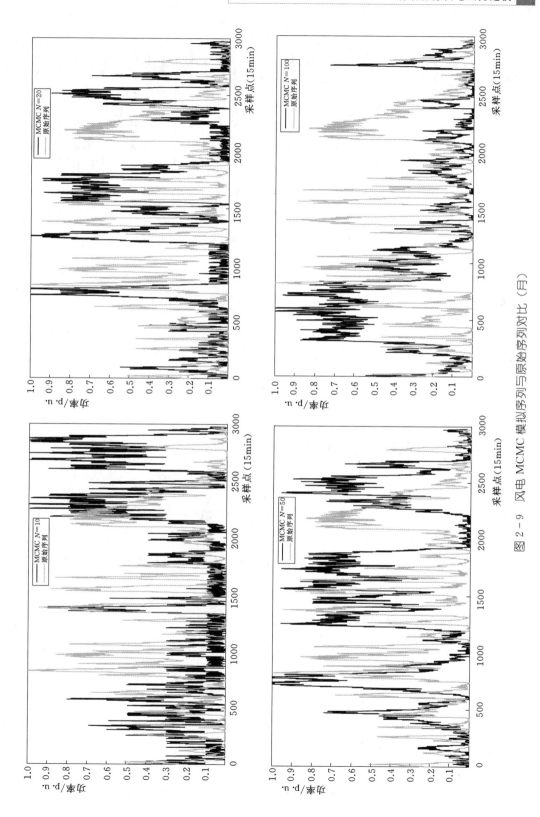

图 2-9　风电 MCMC 模拟序列与原始序列对比（月）

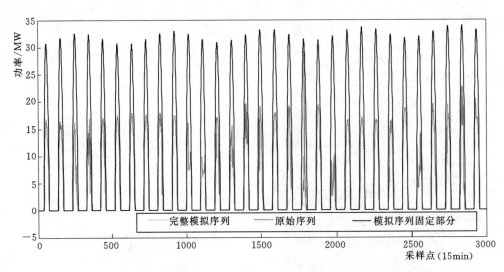

图 2-10　光伏 MCMC 模拟序列与原始序列对比（月）

光伏电站则受离散状态数的影响较小，原因是对于光伏电站，离散状态的选取已细化到不同时段的差异，使得每一离散状态区间所包含的信息较少，故丢失信息也少。因此，仅选择基准状态 $X_0 = 0.1$ 展示模拟结果，并与对应的固定部分拟合之后模拟了完整的光伏模拟序列。

2.2　清洁能源发电特性指标体系

清洁能源发电电源均具有一定的不确定性，本节采用同时间尺度的概率统计方法对各类电源的发电特性指标进行统计。光伏发电和风电具有间歇性、波动性和随机性等特点，并需要其他电源配合运行，因此发电特性指标重点以反映总体电量、出力、出力变幅频率、各时间尺度变化幅度及离散程度为主。水电和光热发电均具有调节能力，重点以反映年、月发电特性指标为主。

2.2.1　年际发电特性指标

1. 年发电量 $E_年$、年利用小时数 $T_年$

年发电量 $E_年$、年利用小时数 $T_年$ 反映电站年发电总体情况。

2. 出力系数

累积电量 95% 时的出力系数可间接反映电站在弃光（或弃风）5% 电量时对应的开机容量比例。

3. 年际发电量距平率 $M_{年际}$

年际发电量距平率 $M_{年际}$ 反映电站年发电量相对多年平均发电量变化程度。其绝

对值越大变化幅度越大。若为正值，则表示相对增加幅度；若为负值，则表示相对减小幅度。公式为

$$M_{年际} = \frac{E_{年,n} - E_{年均}}{E_{年均}} \times 100\%$$（2-24）

式中　$M_{年际}$——电站年际发电量距平率；

$E_{年,n}$——电站第 n 年发电量；

$E_{年均}$——电站多年平均发电量。

2.2.2　年发电特性指标

1. 最大月发电量、最小月发电量、月平均发电量

最大月发电量、最小月发电量、月平均发电量反映年内电站月发电量最大值、最小值及月平均值的情况。

2. 年不均衡系数 $\rho_{年}$

年不均衡系数 $\rho_{年}$ 反映电站年内月发电量相对年内月平均发电量的离散程度。其值越大，离散程度越大，公式为

$$\rho_{年} = \sqrt{\frac{1}{12}\sum_{i=1}^{12}\left(\frac{E_{月,i}}{E_{月均}} - 1\right)^2}$$（2-25）

式中　$\rho_{年}$——电站年不均衡系数；

$E_{月,i}$——电站第 i 月的发电量；

$E_{月均}$——电站年内月平均发电量。

3. 月发电量标幺值 $\alpha_{月}$

月发电量标幺值 $\alpha_{月}$ 反映年内月发电量相对月平均发电量的变化幅度。其值与 1 的差值越大，变化幅度越大。若差值为正值，则相对月平均发电量增加；若为负值，则相对月平均发电量减小。公式为

$$\alpha_{月} = \frac{E_{月,i}}{E_{月均}}$$（2-26）

式中　$\alpha_{月}$——电站月发电量标幺值；

$E_{月,i}$——电站第 i 月的发电量；

$E_{月均}$——电站年内月平均发电量。

2.2.3　月发电特性指标

1. 连续 7 日最大发电量、连续 7 日最小发电量、连续 7 日平均发电量

连续 7 日最大发电量、连续 7 日最小发电量、连续 7 日平均发电量为水电配合新能源运行时分析光伏（或风电）在连续 7 日出力较大或出力较小情况下的调节能力提

供基础，统计月内连续 7 日的发电量。

2. 连续 7 日发电量距平率 $M_{7日}$

连续 7 日发电量距平率 $M_{7日}$ 反映电站连续 7 日发电量相对月内连续 7 日平均发电量的偏离程度。其绝对值越大，变化幅度越大。若为正值，表示幅度相对增加；若为负值，表示幅度相对减小，公式为

$$M_{7日,i,j} = \frac{E_{7日,i,j} - E_{7日平均,i}}{E_{7日平均,i}} \times 100\% \qquad (2-27)$$

式中　$M_{7日,i,j}$——电站 i 月内第 j 个连续 7 日发电量距平率；

　　　$E_{7日,i,j}$——电站 i 月第 j 个连续 7 日发电量；

　　　$E_{7日平均,i}$——电站 i 月内连续 7 日平均发电量。

3. 日发电量距平率 $M_{日}$

日发电量距平率 $M_{日}$ 反映电站日发电量相对月内日平均发电量的偏离程度。其绝对值越大，变化幅度越大。若为正值，表示幅度相对增加；若为负值，表示幅度相对减小，公式为

$$M_{日,i,m} = \frac{E_{日,i,m} - E_{日均,i}}{E_{日均,i}} \times 100\% \qquad (2-28)$$

式中　$M_{日,i,m}$——电站 i 月第 m 日发电量距平率；

　　　$E_{日,i,m}$——电站 i 月第 m 日发电量；

　　　$E_{日均,i}$——电站 i 月内日平均发电量。

4. 月不均衡系数 $\rho_{月}$

月不均衡系数 $\rho_{月}$ 反映电站月内日发电量相对月内日平均发电量的离散程度，其值越大，离散程度越大，公式为

$$\rho_{月,i} = \sqrt{\frac{1}{m} \sum_{t=1}^{m} \left(\frac{E_{日,i,m}}{E_{日均,i}} - 1 \right)^2} \qquad (2-29)$$

式中　$\rho_{月,i}$——i 月不均衡系数；

　　　$E_{日,i,m}$——电站 i 月第 m 日的发电量；

　　　$E_{日均,i}$——电站 i 月内日平均发电量；

　　　m——每月天数。

2.2.4　日发电特性指标

1. 日等效利用小时数 $T_{日}$

日等效利用小时数 $T_{日}$ 反映电站日发电量按照装机容量时的发电时长，公式为

$$T_{日} = \frac{E_{日}}{W} \qquad (2-30)$$

式中 $T_日$ —— 日等效利用小时数；

      $E_日$ —— 日发电量；

      W —— 装机容量。

2. 日不均衡系数 $\rho_日$

日不均衡系数 $\rho_日$ 反映电站日内出力相对日内平均出力的离散程度。其值越大，离散程度越大，公式为

$$\rho_日 = \sqrt{\frac{1}{k}\sum_{i=1}^{k}\left(\frac{N_{日,k}}{N_{日均}}-1\right)^2} \tag{2-31}$$

式中 $\rho_日$ —— 电站日不均衡系数；

     $N_{日,k}$ —— 电站日内第 k 时段出力；

     $N_{日均}$ —— 电站日内平均出力；

      k —— 统计时段数。

3. 有效容量

有效容量反映了光（风）电场在电力系统高峰或低谷时期能提供的保证出力。

统计方法：统计青海光伏电站在等效负荷低谷时段（11：00—16：00）保证率 10% 时的出力，以及风电在等效负荷高峰时段（19：00—22：00）保证率 90% 时的出力。

4. 出力变幅频率 τ_t

风（光）电场出力变幅频率 I_t 是指风（光）电当前出力与前一时刻出力的差值占风（光）电场装机容量的比例，它反映了风（光）电出力的波动性大小，公式为

$$\tau_t = \frac{n_t - n_{t-1}}{N} \times 100\% \tag{2-32}$$

式中 τ_t —— t 时风（光）电的出力变幅频率；

     n_t —— t 时风（光）电的出力；

     n_{t-1} —— $t-1$ 时风（光）电的出力；

      N —— 风（光）电的装机容量。

可根据风（光）电场出力的变化，分区间统计出力变幅频率 τ_t 出现的频次，分析风（光）电场出力变幅频率的分布区间，从而反映风（光）电场出力变化的波动性大小，公式为

$$p_i = \frac{m_i}{M} \times 100\% \tag{2-33}$$

式中 p_i —— 风（光）电场出力变幅区间 i 对应的出力变幅频率出现的频率；

     m_i —— 出现的频次；

      M —— 样本数。

2.2.5　互补性指标

除以上年、月、日特性指标外，光伏之间、风电之间互补性指标还引入了相关系数，即

$$r(x,y) = \frac{\text{Cov}(x,y)}{\sqrt{\text{Var}(x)\,\text{Var}(y)}} \qquad (2-34)$$

式中　$r(x,y)$ ——x 电站与 y 电站同时段出力过程的相关系数；

　　　$\text{Cov}(x,y)$ ——x 电站与 y 电站同时段出力过程的协方差；

　　　$\text{Var}(x)$ ——x 电站出力过程的方差；

　　　$\text{Var}(y)$ ——y 电站出力过程的方差。

相关系数值越大，互补性相对越小。风光电互补性指标汇总见表 2-3。

表 2-3　　　　　　　　　　　风光电互补性指标汇总

序号	指　　标	序号	指　　标
1	装机容量 W	6	年不均衡系数 $\rho_\text{年}$
2	年发电量 $E_\text{年}$	7	月不均衡系数均值 $\rho_\text{月均}$
3	年利用小时数 $T_\text{年}$	8	出力变幅频率
4	最大出力	9	相关系数 $r(x,y)$
5	累积电量占比 95% 时的出力系数		

2.3　案例分析

2.3.1　风电发电特性

风电的发电特性研究可以以青海省为例，青海省是重点开发风能资源的优势地区，截至 2017 年 5 月底，风电装机容量 82 万 kW。通过收集已建风电场 2014—2016 年逐 15min 出力资料，按照已建风电场规模及分布情况，从风电场位置、年出力正常性、完整性、可靠性等方面，选择海西蒙古族藏族自治州（简称海西州）、海南藏族自治州（简称海南州）有代表性的风电场，用数理统计方法对青海省风电场的发电特性进行分析。其中茶卡哇玉风电场虽然地理位置属于海西州，但其在海南州风电基地附近，所以将其作为海南州已建代表风电场，青海省代表风电场概况，见表 2-4。

结合清洁能源发电特性指标体系，根据已投产并网风电历史出力记录，选择已建代表风电场进行年际、年、月、日特性统计及风电之间的互补分析。在此基础上，根据测风数据，结合规划基地数字化地形图，按照推荐机型当地空气密度下的功率曲线，

表 2 - 4　　　　　　　　　　　　青海省代表风电场概况

地区	风电场名称	装机容量/GW	投产时间	发电出力记录时间
海西州	贝壳梁诺木洪风电场	49.5	2013 年 11 月	2013 年 12 月—2016 年 12 月
	三峡锡铁山风电场	49.5	2013 年 12 月	2014 年 1 月—2016 年 12 月
	努尔德令哈风电场	49.5	2014 年 12 月	2015 年 1 月—2016 年 12 月
	宝丰风电场	20	2015 年 10 月	2016 年 1 月—2016 年 12 月
海南州	茶卡哇玉风电场	99	2013 年 1 月	2015 年 1 月—2016 年 12 月

采用 WindSim7.0 软件预测 2020 年风电出力过程，再对预测的出力过程进行年际、年、月、日特性统计。

1. 年际变化特性

海西州整个地区风电年利用小时数达到 2160h 以上；海南州整个地区风电装机年利用小时数略大于 2000h。青海省规划水平年装机年利用小时数为 2100h 左右。海西州和海南州规划水平年装机利用小时数与实际情况基本相符。海西州各地区规划水平年风电场累积电量占比为 95％时，相应出力系数为 0.75～0.85，与实际风电场情况基本相符。由于海西州地区风电有一定互补性，因此 2020 年累积电量占比为 95％时的出力系数为 0.67 左右；海南州风电累积电量占比为 95％时，相应的出力系数约为 0.83。青海省 2020 年风电累积电量占比为 95％时出力系数为 0.57 左右，另外，最大出力系数虽然在 0.9 以上，但一年内出力系数在 0.9 及以上的概率在 0.4％以下，发生的概率较低。海西州和海南州 2020 年的风电发电情况见表 2-5，风电出力系数-保证率-电量系数曲线如图 2-11～图 2-13 所示。

表 2 - 5　　　　　　　　　海西州和海南州 2020 年的风电发电情况

地区	年份	年末装机容量/MW	年发电量/(万 kW·h)	年利用小时数/h
海西州	2020	2940.5	642499	2185
海南州	2020	4061	816719	2012
青海省	2020	7110	1482043	2084

2. 年变化特性

海西州 2020 年风电场受各个地区的互补性作用，月平均出力标幺值基本在 0.65～1.35 以内，月平均出力占总装机容量的 25％左右，年不均衡系数为 0.23 左右。海南州共和地区风电 2020 年的最大、最小月平均出力标幺值为 1.58，月平均出力占总装机容量的 23％左右，年不均衡系数为 0.29 左右，与实际已建风电场数值基本相当。青海省 2020 年风电最大、最小月平均出力标幺值为 1.25，年不均衡系数为 0.17 左右，2020 年风电逐月平均出力如图 2-14 所示。

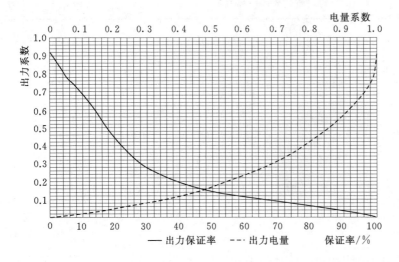

保证率/%	出力系数	电量系数
100	0	0
95	0.03	0.10
90	0.04	0.15
85	0.05	0.19
80	0.06	0.24
75	0.08	0.27
70	0.09	0.31
65	0.10	0.35
60	0.12	0.38
55	0.13	0.41
50	0.15	0.45
45	0.17	0.49
40	0.20	0.54
35	0.23	0.59
30	0.28	0.65
25	0.35	0.73
20	0.44	0.81
15	0.56	0.90
10	0.69	0.96
5	0.78	0.99
0	0.92	1.00

图 2-11　海西州 2020 年风电出力系数-保证率-电量系数曲线

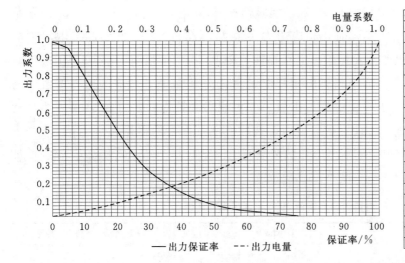

保证率/%	出力系数	电量系数
100	0	0
95	0	0
90	0	0
85	0	0
80	0	0
75	0	0.01
70	0.01	0.04
65	0.02	0.06
60	0.03	0.09
55	0.05	0.13
50	0.07	0.17
45	0.09	0.23
40	0.13	0.30
35	0.19	0.39
30	0.26	0.49
25	0.36	0.61
20	0.48	0.74
15	0.64	0.85
10	0.80	0.94
5	0.96	0.99
0	1.00	1.00

图 2-12　海南州 2020 年风电出力系数-保证率-电量系数曲线

3. 月变化特性

海西州风电场受各个地区的互补性作用，2020 年逐月连续 7 日最大、最小发电量距平率分别为 14%～53%、-22%～-49%，其中 1 月、10—12 月连续 7 日发电量变化比例较大。海南州共和地区风电场逐月连续 7 日最大、最小发电量距平率分别为 29%～110%、-21%～-85%，其中，5—6 月变化较大，8—9 月变化较小，在该地区已建风电场逐月连续 7 日变化范围内。青海省 2020 年风电逐月连续 7 日最大、最小发电量距平率分别为 13%～59%、-18%～-33%，其中 11—12 月变化较大，7—9 月变化较小。各地区风电 2020 年逐月连续 7 日最大、最小发电量距平率如图 2-15～图 2-17 所示。

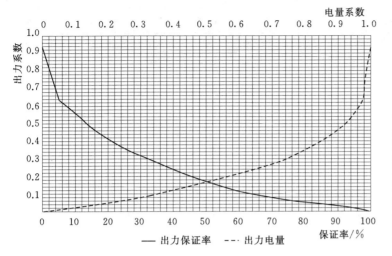

保证率/%	出力系数	电量系数
100	0	0
95	0.02	0.09
90	0.03	0.14
85	0.05	0.18
80	0.06	0.22
75	0.07	0.26
70	0.08	0.30
65	0.10	0.34
60	0.12	0.39
55	0.14	0.45
50	0.17	0.51
45	0.20	0.58
40	0.24	0.64
35	0.28	0.71
30	0.32	0.77
25	0.36	0.81
20	0.41	0.86
15	0.48	0.91
10	0.57	0.95
5	0.64	0.98
0	0.96	1.00

图 2-13 青海省 2020 年风电出力系数-保证率-电量系数曲线

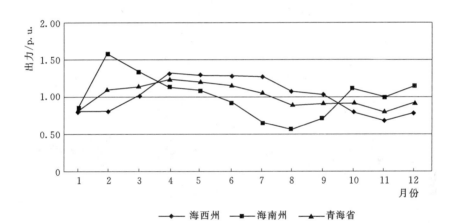

图 2-14 2020 年风电逐月平均出力

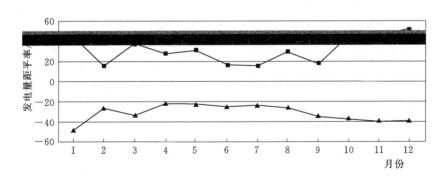

图 2-15 海西州风电 2020 年逐月连续 7 日最大、最小发电量距平率

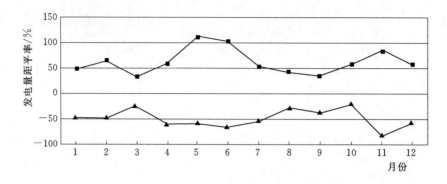

图 2-16　海南州风电 2020 年逐月连续 7 日最大、最小发电量距平率

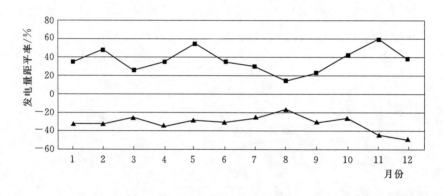

图 2-17　青海省风电 2020 年逐月连续 7 日最大、最小发电量距平率

4. 日变化特性

根据海西州、海南州及青海省预测的出力过程资料，按照已建风电场日特性指标统计分析日发电特性。海西州风电日等效利用小时数均值为 5.9h，海南州风电日等效利用小时数均值为 5.5h，青海省为 5.7h。青海省风电在不同季节光伏大出力和月均出力两种情况下的出力曲线不规则，存在一定差异，反映了风电出力的随机性。青海省风电 4 月典型日最大出力和月均出力较大，7 月和 12 月月均出力相对较小；4 月受月均出力较大影响，其月均出力情况下的日不均衡系数较大，7 月月均出力的日不均衡系数较小，青海省 2020 年风电典型中午大出力及平均出力过程如图 2-18 所示。

对青海省、海西州和海南州规划水平年风电逐小时出力过程进行出力变幅频率统计，青海省 2020 年风电逐小时出力过程在装机容量±20％内的出力变幅频率为94.6％，其中海西州风电布局分散，规划水平年逐小时出力过程在装机容量±20％内的出力变幅频率为 92.9％，而海南州风电布局集中，规划水平年逐小时出力过程在装

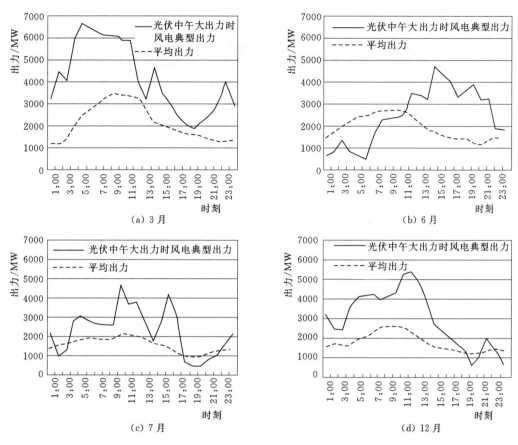

图 2-18 青海省 2020 年风电典型中午大出力及平均出力过程

机容量±20％内的出力变幅频率为 87.7％。青海省风电 2020 年逐小时出力变幅频率分布如图 2-19 所示。

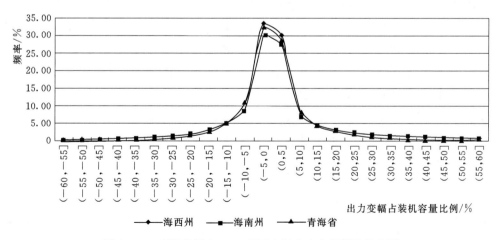

图 2-19 青海省风电 2020 年逐小时出力变幅频率分布图

2.3.2 光伏发电特性

本节以青海电网为例分析光伏发电特性。青海电网光伏并网以规模化、集中式接入为主,截至 2017 年 5 月底,青海光伏发电装机容量已达 692 万 kW,主要分布在海西州和海南州。本节收集已建光伏电站 2013—2016 年逐 15min 出力资料,按照已建电站的规模及分布情况,从电站位置、年出力正常性、完整性、可靠性等方面考虑,在格尔木、德令哈、共和 3 个光伏园区中分别选择代表电站,采用数理统计方法对光伏电站的发电特性进行分析,见表 2-6。代表电站因设备故障等原因造成的个别出力异常时段参照邻近电站进行修正,无法修正时剔除出力异常时段。

表 2-6 青海省代表光伏电站概况

地区	电站	装机容量/MW	投产时间	发电出力记录年限
格尔木东出口光伏园区	龙源格尔木电站	70	2013 年 12 月	2014 年 1 月—2016 年 12 月
	山一中氚格尔木电站	50	2013 年 12 月	2014 年 1 月—2016 年 12 月
德令哈西出口光伏园区	力诺齐德令哈电站	50	2011 年 12 月	2013 年 9 月—2016 年 12 月
	中型蓄积德令哈电站	50	2013 年 11 月	2013 年 12 月—2016 年 12 月
共和光伏园区	世能共和电站	30	2013 年 6 月	2013 年 9 月—2016 年 12 月
	聚卓共和电站	20	2013 年 7 月	2013 年 9 月—2016 年 12 月

1. 年际变化特性

根据海西州和海南州 2020 年装机容量对应的逐小时出力过程,按照已建电站年际特性指标统计分析年际发电特性。海西州、海南州 2020 年光伏电站年利用小时数为 1700h 左右,青海省 2020 年光伏电站年利用小时数为 1640h 左右,均与已建光伏电站实际运行年利用小时数相当。根据海西州、海南州、青海省光伏电站出力系数-保证率-电量系数曲线图可得,海西州、海南州及青海省 2020 年光伏电站累积电量占比为 95% 时,相应出力系数为 0.6~0.7,基本在已建光伏电站累积电量占比为 95% 时的出力系数范围内。光伏电站 2020 年发电量及年利用小时数见表 2-7,光伏电站出力系数-保证率-电量系数曲线如图 2-20~图 2-22 所示。

表 2-7 光伏电站 2020 年发电量及年利用小时数

地区	年份	装机容量/MW	年发电量/(万 kW·h)	年利用小时数/h
海西州	2020	6960	1194139	1716
海南州	2020	15515	2535504	1634
青海省	2020	24000	3982710.9	1659

2. 年变化特性

海西州、海南州 2020 年光伏电站年发电特性按照已建电站年变化特性指标进行

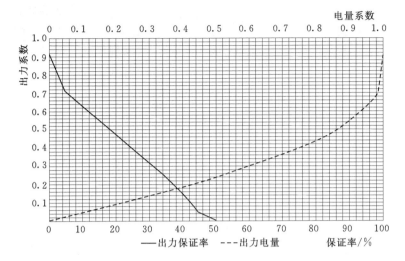

图 2-20 海西州 2020 年光伏电站出力系数-保证率-电量系数曲线

保证率/%	出力系数	电量系数
100	0	0
95	0	0
90	0	0
85	0	0
80	0	0
75	0	0
70	0	0
65	0	0
60	0	0
55	0	0
50	0	0.01
45	0.05	0.11
40	0.15	0.34
35	0.23	0.50
30	0.32	0.64
25	0.40	0.75
20	0.48	0.84
15	0.55	0.91
10	0.63	0.95
5	0.71	0.98
0.011	0.92	1.00

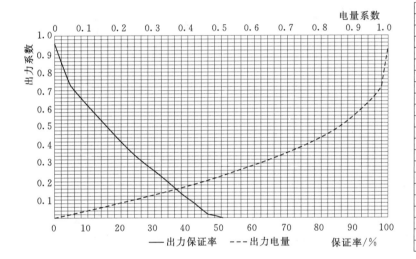

图 2-21 海南州 2020 年光伏电站出力系数-保证率-电量系数曲线

保证率/%	出力系数	电量系数
100	0	0
95	0	0
90	0	0
85	0	0
80	0	0
75	0	0
70	0	0
65	0	0
60	0	0
55	0	0
50	0	0.01
45	0.03	0.08
40	0.11	0.26
35	0.18	0.41
30	0.26	0.56
25	0.33	0.67
20	0.42	0.77
15	0.51	0.86
10	0.61	0.93
5	0.72	0.98
0.011	0.96	1.00

统计。海西州 2020 年光伏电站月发电量标幺值在 0.8～1.2 之间，即月发电量相对年内月平均发电量变幅在 20% 以内；海南州 2020 年光伏电站月发电量标幺值在 0.84～1.15 之间；青海省光伏电站 2020 年月发电量标幺值在 0.8～1.15 之间。海西州、海南州及青海省发电量最大月份主要发生在 3—5 月，最小月一般在 12 月。总体来说，海西州、海南州及青海省光伏发电年变化特性与已建光伏电站实际年变化特性相似。海西州、海南州及青海省 2020 年月发电量标幺值变化如图 2-23 所示。

3. 月变化特性

海西州、海南州及青海省 2020 年和 2025 年光伏电站月发电特性按照已建电站月

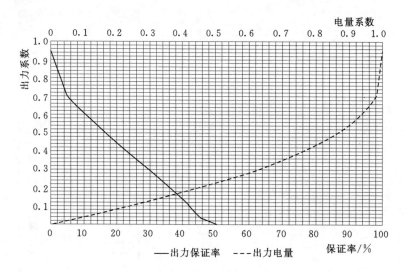

保证率/%	出力系数	电量系数
100	0	0
95	0	0
90	0	0
85	0	0
80	0	0
75	0	0
70	0	0
65	0	0
60	0	0
55	0	0
50	0	0.01
45	0.04	0.11
40	0.14	0.32
35	0.22	0.48
30	0.30	0.62
25	0.37	0.72
20	0.45	0.82
15	0.53	0.89
10	0.61	0.94
5	0.71	0.98
0.011	0.96	1.00

图 2-22　青海省 2020 平年光伏电站出力系数-保证率-电量系数曲线

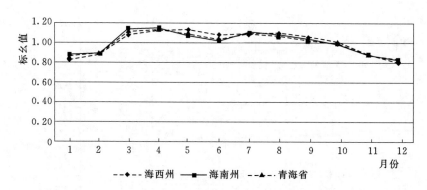

图 2-23　海西州、海南州及青海省 2020 年月发电量标幺值变化

变化特性指标进行统计。海西州 2020 年光伏电站连续 7 日最大、最小发电量距平率为 7%～24%、海南州 2020 年光伏电站连续 7 日最大、最小发电量距平率为 14%～38%，其中在 4 月、7 月连续 7 日发电量变化比例较大；青海省 2020 年光伏电站连续 7 日最大、最小发电量距平率为 10%～30%。2020 年光伏电站逐月连续 7 日最大、最小、平均发电量见表 2-8，2020 年光伏电站逐月连续 7 日最大、最小发电量距平率如图 2-24～图 2-26 所示。

4. 日变化特性

规划水平年光伏电站日发电特性按照已建电站日特性指标进行统计。海西州光伏电站 2020 年日等效利用小时数为 4.7h 左右，相比已建电站 2015 年日等效利用小时数低 0.1h。海南州光伏电站 2020 年日等效利用小时数为 4.3h 左右，相比 2015 年已建电站降低 0.2h。青海省光伏电站 2020 年日等效利用小时数均值为 4.6h。青海省 2020 年典型日（晴天出力、阴雨天出力、平均出力）光伏发电出力变化如图 2-27 所示。

表 2-8　　　　　2020 年光伏电站逐月连续 7 日最大、最小、平均发电量　　　　单位：万 kW·h

年份	地区	项目	1月	2月	3月	4月	5月	6月	7月	8月	9月	10月	11月	12月
2020 年	海西州	逐月连续 7 日最大发电量	21258	24840	29451	29360	29253	26719	28387	27579	26397	26251	22177	21018
		逐月连续 7 日最小发电量	15666	14667	20213	21620	21223	22373	21095	21826	20787	18517	18787	15318
		逐月连续 7 日平均发电量	18958	20814	24628	26828	24734	24700	24289	24890	23771	23128	20771	18594
	海南州	逐月连续 7 日最大发电量	50151	58474	64755	83016	58945	58569	69098	64806	64272	64092	54946	50136
		逐月连续 7 日最小发电量	33256	34216	44668	43218	41886	39752	37195	41516	36128	32919	36001	28614
		逐月连续 7 日平均发电量	41907	46987	54979	58740	50892	51087	50585	51952	52980	50225	46525	41243
	青海省	逐月连续 7 日最大发电量	74063	87382	98221	119360	93323	89825	98107	97069	94039	90438	81207	72807
		逐月连续 7 日最小发电量	52242	52761	72902	73589	71184	67428	69113	69806	65732	60753	59207	52600
		逐月连续 7 日平均发电量	64995	72402	85010	91374	80758	80930	79954	82056	81959	78330	71862	63897

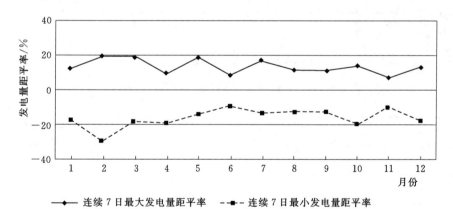

图 2-24　海西州 2020 年光伏电站逐月连续 7 日最大、最小发电量距平率

　　青海省 2020 年光伏电站逐小时出力过程在装机容量 ±20％ 内的出力变幅频率为 90％，其中海西州光伏布局分散，规划水平年逐小时出力过程在装机容量 ±20％ 内的出力变幅频率为 92％，而海南州光伏布局集中，规划水平年逐小时出力过程在装机容量 ±20％ 内的出力变幅频率为 86％。青海省光伏电站 2020 年逐小时出力变幅频率分布图如图 2-28 所示。

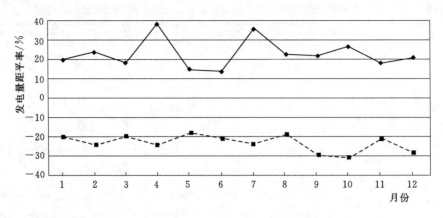

图 2-25　海南州 2020 年光伏电站逐月连续 7 日最大、最小发电量距平率

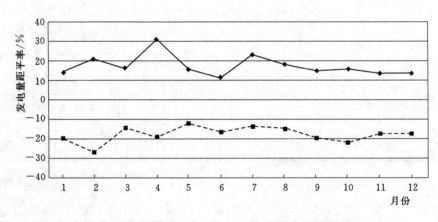

图 2-26　青海省 2020 年光伏电站逐月连续 7 日最大、最小发电量距平率

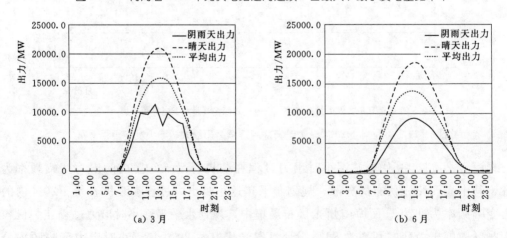

图 2-27（一）　青海省 2020 年典型日（晴天出力、阴雨天出力、平均出力）光伏发电出力变化

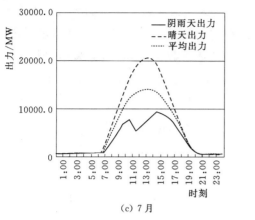

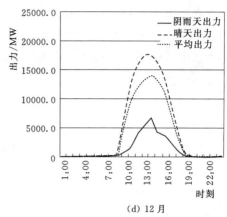

（c）7 月   （d）12 月

图 2-27（二）　青海省 2020 年典型日（晴天出力、阴雨天出力、平均出力）光伏发电出力变化

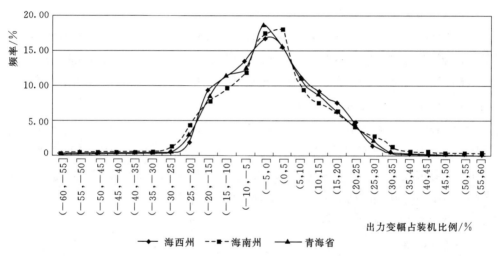

图 2-28　青海省光伏电站 2020 年逐小时出力变幅频率分布图

2.3.3　光热发电特性及光热区域互补特性

2.3.3.1　光热发电特性

本节以青海省为例分析光热发电特性。青海省光热资源较好的地区主要集中在海西州德令哈市、格尔木市及海南州。

1. 年变化特性

根据青海省历年光资源数据分析结论，德令哈市光热电站理论年利用小时数约为 3800h，全年日等效利用小时数低于 2h 的天数为 104 天，占比为 28%；高于 10h 的天数为 193 天，占比为 53%。格尔木市光热电站年利用小时数约为 3880h，全年日等效利用小时数低于 2h 的天数为 87 天，占比为 24%；高于 10h 的天数为 212 天，占比为 58%。海南州光热电站年利用小时数约为 3650h，全年日等效利用小时数低于 2h 的天数为 108 天，占比为 28%；高于 10h 的天数为 179 天，占比为 49%。德令哈市光热电站年不均衡系数为 0.16，3 月发电量最多，为月平均发电量的 1.33 倍；6 月发电量最少，为月平均发电量的 77%。格尔木市光热电站年不均衡系数为 0.14，5 月发电量最多，为月平均发电量的 1.18 倍；12 月发电量最少，为月平均发电量的 75%。海南州光热电站年不均衡系数为 0.13，3 月发电量最多，为月平均发电量的 1.34 倍；6 月、7 月发电量最少，为月平均发电量的 87%。总体来看，三个地区光热电站每月发电量比较平均，年不均衡系数德令哈市光热电站最大，海南州光热电站最小。

  2. 日变化特性

  光热电站配有储能系统，其输出的电力不受天气影响，在太阳辐射发生变化时，具有连续、稳定、可调度的特性，具备承担基础负荷的能力。

  光热发电机组可进行日内调节，在风光大出力时，降低出力，减少弃电；在风光资源不好时利用储能系统储存的热量发电。

  负荷高峰时段，光热电站对电网负荷曲线进行削峰。不同于光伏电站夜间不能发电以及发电量受天气变化影响的特性，配有储能系统的光热电站具有连续稳定发电的优势。在日照资源较好的情况下，光热电站可以发电并储存热量，在晚上负荷高峰时利用储存的热量发电，维持电站持续运行，从而提供较为稳定的电能。

  负荷低谷时段，光热电站对叠加了新能源出力的负荷曲线进行填谷。光资源较好时，光伏大出力，光热有时候也大出力，但电网未必能即时消纳，从而发生弃电现象。因此，要求光热电站可以在光伏大出力、日照资源较好的情况下储存热量，减少出力或者不出力，从而促进光伏发电的消纳，减少弃电情况。

2.3.3.2 光热发电区域互补特性

  1. 年变化特性

  本节对德令哈、格尔木和共和光热基地互补运行后的年出力特性进行分析。

  青海三个基地互补运行后，在给定的装机容量下，2020 年年利用小时数为 3764h，2025 年年利用小时数为 3804h，详见表 2-9。

表 2-9　　　　　　　　　　　　年利用小时数汇总表

参　　数	德令哈基地（海西州）	格尔木基地（海西州）	共和基地（海南州）
平均年利用小时数/h	3803	3881	3646
2020 年装机容量/10MW	78	50	75
2025 年装机容量/10MW	450	578	275
2020 年利用小时数/h	3764		
2025 年利用小时数/h	3804		

  由于代表电站模拟出力采取的控制策略为对电站最有利的情况，即机组尽量满出力运行，储热罐储热量日结日清，不跨日调节。因此，互补运行后电站出力区间仍主

要集中在 0 以及 0.9～1.0 之间。月发电量汇总及基地互补运行前后月发电量曲线见表 2-10 及图 2-29。

表 2-10　　　　　　　　　　月 发 电 量 汇 总 表　　　　　　　　　单位：p.u.

月份	德令哈基地 （海西州）	格尔木基地 （海西州）	共和基地 （海南州）	2020 年青海省	2025 年青海省
1 月	1.07	0.76	0.97	0.96	0.91
2 月	0.80	0.91	1.01	0.90	0.89
3 月	1.33	1.02	1.34	1.26	1.19
4 月	1.13	1.17	1.10	1.13	1.14
5 月	1.08	1.18	0.98	1.07	1.10
6 月	0.77	1.06	0.87	0.88	0.92
7 月	0.95	1.14	0.87	0.97	1.02
8 月	0.82	1.06	0.90	0.91	0.94
9 月	1.12	1.03	1.02	1.06	1.06
10 月	1.04	1.02	1.07	1.05	1.04
11 月	0.95	0.90	0.92	0.92	0.92
12 月	0.95	0.75	0.94	0.90	0.86
年不均衡系数	0.16	0.14	0.13	0.11	0.10

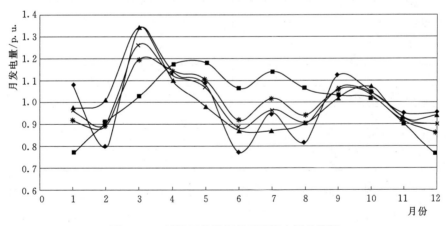

图 2-29　基地互补运行前后月发电量曲线图

由表 2-10 及图 2-29 可见，互补运行前，三个基地以各自全年平均月发电量为基准值的月发电量标幺值变化范围为 0.75～1.34。互补运行后，2020 年的青海省月发电量变化范围为 0.88～1.26；2025 年的青海省月发电量变化范围为 0.86～1.19。月发电量变化范围明显减小。年不均衡系数由互补前的 0.13～0.16 变为 2020 年的

0.11，2025 年的 0.10，各月发电量更加平均。

2. 月特性分析

要进行互补运行后的月特性分析，首先要得到同一时间序列下三个基地互补后的年出力过程。

选取 2012 年为代表年，以德令哈、格尔木和共和光热基地代表点位置处 2012 年直接辐射量为光热电站资源输入，对青海德令哈、格尔木和共和基地光热电站出力的互补性进行分析。

根据选取的代表年模拟结果分析可得，德令哈基地年利用小时数为 3810h，格尔木基地年利用小时数为 3481h（该年为格尔木地区光资源较少年份，已与实测资料比对核实），共和基地年利用小时数为 3172h。互补运行前后月不均衡系数汇总运行结果见表 2-11 及图 2-30。

表 2-11　　　　　　　　　　　月不均衡系数汇总表　　　　　　　　　单位：p.u.

月份	德令哈基地（海西州）	格尔木基地（海西州）	共和基地（海南州）	2020 年青海省	2025 年青海省
1	0.69	0.51	1.06	0.55	0.47
2	0.52	0.62	0.71	0.55	0.52
3	0.63	0.62	0.77	0.58	0.56
4	0.45	0.60	0.68	0.51	0.51
5	1.04	0.86	1.16	0.91	0.87
6	0.95	1.05	1.26	1.00	0.96
7	1.07	1.06	1.04	0.89	0.90
8	0.94	0.82	0.80	0.78	0.78
9	0.44	0.54	0.66	0.50	0.49
10	0.38	0.52	0.62	0.36	0.36
11	0.54	0.72	0.41	0.48	0.53
12	0.49	0.58	0.46	0.39	0.41
平均值	0.68	0.71	0.80	0.63	0.61
最大值	1.07	1.06	1.26	1.00	0.96

由表 2-11 及图 2-30 可见，互补运行前，德令哈光热基地月不均衡系数最大值为 1.07，平均值为 0.68；格尔木基地月不均衡系数最大值为 1.06，平均值为 0.71；共和基地月不均衡系数最大值为 1.26，平均值为 0.80。互补运行后，2020 年的月不均衡系数最大值降为 1.00，平均值降为 0.63。到 2025 年，月不均衡系数最大值将降为 0.96，平均值将降为 0.61。

互补运行后，月内各日发电量不均衡性有所改善，较为均衡。

互补运行后，日等效利用小时数小于 2h 天数统计结果汇总见图 2-31 及表 2-12。

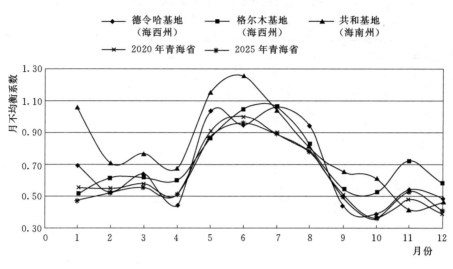

图 2-30　基地互补运行前后月不均衡系数变化图

表 2-12　　　　　　　代表年各月日等效利用小时数小于 2h 天数汇总表

月份	德令哈基地 （海西州）	格尔木基地 （海西州）	共和基地 （海南州）	2020 年青海省	2025 年青海省
1	9	3	13	4	4
2	5	4	6	2	2
3	3	6	1	4	4
4	2	1	5	1	1
5	13	9	16	10	10
6	10	14	17	12	12
7	14	13	14	11	11
8	12	8	6	7	7
9	2	3	7	2	2
10	2	4	5	1	1
11	4	6	1	1	1
12	3	4	4	2	2
合计	79	75	95	57	57

　　由图 2-31 及表 2-12 可见，互补运行后，青海日等效利用小时数小于 2h 天数减少到 57 天。其中，三个基地 5—8 月日等效利用小时数小于 2h 天数均较多，互补运行后改善并不显著；其余各月互补性显著。

　　表 2-13 汇总了互补运行前后连续发生不利天气的天数。由表可见，互补运行后，青海连续 4 天以上日等效利用小时数小于 2h 的天数没有出现。

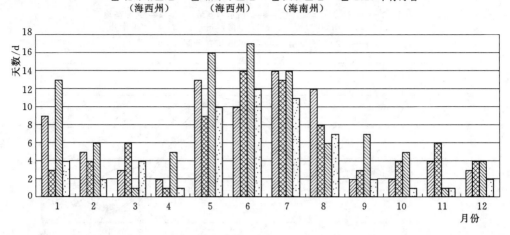

图 2-31　逐月日等效利用小时数小于 2h 天数（2025 年同 2020 年）

表 2-13　　　　　　　　青海省连续不利天数频次统计汇总表

连续天数 /d	德令哈基地 （海西州）	格尔木基地 （海西州）	共和基地 （海南州）	2020 年青海省	2025 年青海省
8	0	0	1	0	0
7	0	0	0	0	0
6	2	0	0	0	0
5	0	1	1	0	0
4	1	2	4	2	2
3	7	4	5	8	8
2	9	9	8	3	3
1	24	32	35	19	19

　　基地间的大范围互补运行后，青海省光热日等效利用小时数小于 2h 天数减少，不利天气可以通过互补运行改善。

2.3.4　风光互补特性

2.3.4.1　光伏自然互补特性

　　以青海省为例，青海省地域面积大，光伏电站主要集中在海西州和海南州，两地相距 600km，光伏发电出力存在一定的互补性。

　　1. 光伏资源互补性

　　根据青海全省及海西州、海南州光伏日电量分布情况，海西州、海南州区域光伏发电叠加后，全省光伏日发电量大的天数较单一地区减少 62 天，全省光伏日发电量小的天数较单一地区减少 40 天，全省光伏日发电量平稳的天数较单一地区增加 55

天。光伏发电的空间互补性能够减少光伏发电的极大或极小出力情况，平稳光伏日发电量波动，如图2-32所示。

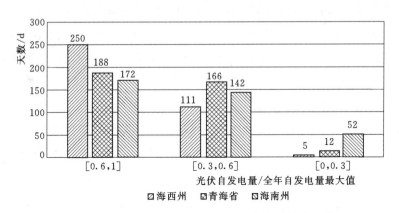

图2-32 青海省分地区光伏年内日发电量分布统计

2. 分散接入带来的"平滑效应"

根据青海省光伏电站历史出力过程，计算地区内单个光伏电站之间和地区之间单个光伏电站之间的相关系数。光伏发电出力相关性随着地理位置的分散而减小。地区内光伏电站相距越近，单个光伏电站之间的相关系数越大；地区间光伏电站分散程度越高，单个电站之间的相关系数就越小。因此，仅从相关系数来说，分散开发的光伏电站出力的相关系数小，呈现一定的互补特性，同时，互补特性主要体现在时间尺度为小时级内，且随时间尺度的降低呈现出更弱的相关系数和更强的互补特性。青海省光伏电站出力相关系数如图2-33所示。相关系数大于0.8为强相关，小于0.3为弱相关，其余为中度相关。

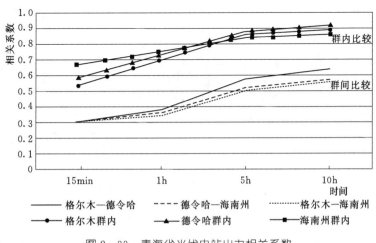

图2-33 青海省光伏电站出力相关系数

2.3.4.2 风电自然互补特性

风电受地理分布影响，呈现出一定的互补特性。

分析青海省及省内海西州、海南州的风电月发电量波动情况，全省风电年不均衡系数为 0.18，较海南州风电的年不均衡系数下降 0.11，月发电量波动减小，平滑季节性出力。分析青海省及省内海西州、海南州的风电日发电量分布情况，全省风电场日发电量大的天数较单一地区减少 9 天，全省风电场日发电量小的天数较单一地区减少 80 天，全省风电场日发电量平稳的天数较单一地区增加 40 天。风电的空间互补性能够减少风电极大或极小出力情况，平稳风电场日发电量波动。青海省分地区风电各月发电量变化趋势如图 2-34 所示。青海省分地区风电年内日发电量分布统计如图 2-35 所示。

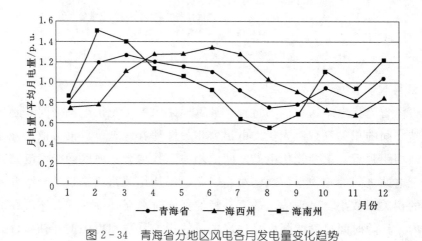

图 2-34　青海省分地区风电各月发电量变化趋势

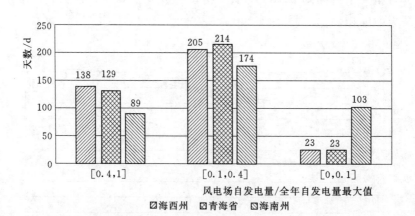

图 2-35　青海省分地区风电年内日发电量分布统计

由于风电受地形影响较大，不同风电场出力的相关系数均小于 0.15，相关系数极弱，整体呈现出强互补特性；同时，随着时间尺度的减小，互补特性更加凸显。青海省风电场出力相关系数如图 2-36 所示。

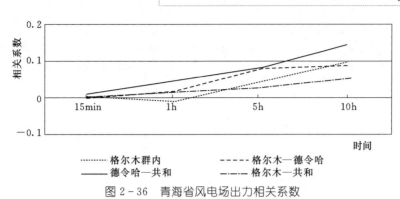

图 2-36　青海省风电场出力相关系数

2.3.4.3　光伏发电与风力发电自然互补特性

以青海电网为例,青海风、光具有显著的天然互补性。

1. 风光互补月电量"平滑效应"

风力发电与光伏发电互补后,年不均衡系数为 0.1,较风电自身的年不均衡系数下降 0.08。月发电量波动减小,以平滑季节性出力。青海省风力发电和光伏发电年内逐月发电量变化趋势如图 2-37 所示。

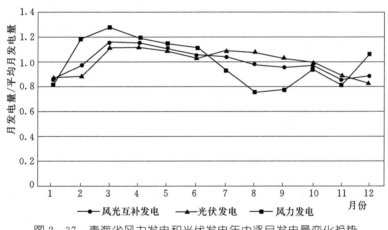

图 2-37　青海省风力发电和光伏发电年内逐月发电量变化趋势

2. 风光互补日发电量"平滑效应"

根据青海省历史气象及清洁能源发电运行数据,光伏发电小出力的天数中,92% 以上风力发电为大出力或中出力;风力发电小出力的天数中,96% 以上光伏发电为大出力或中出力;全年出现风光同时小出力的天数仅有 1 天。这表明青海省的风资源和光资源在气象上具有互补特性,呈现出"风起云涌"和"风和日丽"的特点,典型出力曲线如图 2-38 和图 2-39 所示。

风光互补后日调峰需求降低,光伏发电夜间不出力,昼夜峰谷差大,青海风光互补电源最大日峰谷差率由单一光伏发电的 0.96 降低至 0.82。青海省日最大峰谷差率需求如图 2-40 所示。

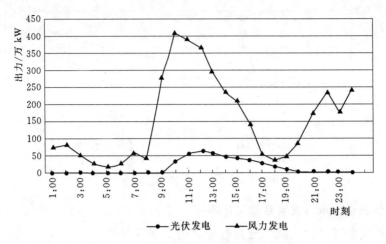

图 2-38 "风起云涌"时的典型出力曲线

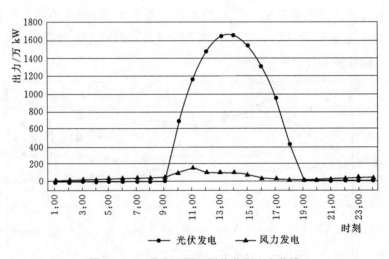

图 2-39 "风和日丽"时的典型出力曲线

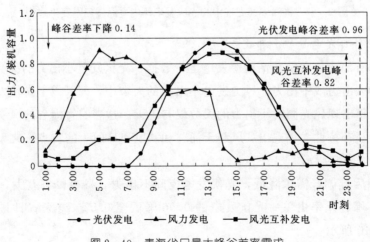

图 2-40 青海省日最大峰谷差率需求

风光互补后逐小时波动性降低。青海省风光互补电源逐小时出力变幅频率在装机容量±20%内概率为98%，相较光伏发电概率上升8%，出力更加集中，波动性减小，呈现互补特性。日内逐小时出力变幅频率概率分布如图2-41所示。

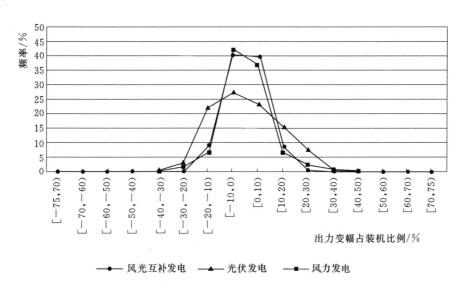

图2-41 日内逐小时出力变幅频率概率分布

2.3.4.4 水电与光伏发电、光热发电、风力发电自然互补特性

以青海电网为例分析水电与光伏发电、光热发电、风力发电自然互补特性。在不考虑设备及电力系统限制等条件下，根据太阳能资源和风能资源变化情况，光伏电站、光热电站及风电场可按其发电能力出力；而黄河上游梯级水电出力是经水电站群各个水库调节后的过程。所以，本节主要分析青海省规划水平年光伏发电、光热发电、风力发电之间自然互补后，再与未优化运行的水电互补对电力系统内月发电量的不均衡性。

2020年青海省境内黄河上游梯级水电平水年年不均衡系数为0.30，年内月发电量波动较大；风力发电、光伏发电、光热发电年不均衡系数分别为0.18、0.10、0.12，年内月电量波动相对较小。青海省2020年水电年发电量占水电、光伏发电、光热发电、风力发电4种清洁能源年总发电量的42%左右，4种电源综合后年不均衡系数下降至0.14，略高于光伏发电、光热发电，远低于水电。青海省各月发电量波动明显降低，有效缓解了青海省因水电季节性电量不均衡引起的月发电量不均衡问题。青海省2020年水电、光伏发电、风力发电及光热发电的月发电量见表2-14。青海省2020年水电、光伏发电、风力发电、光热发电月发电量标幺值如图2-42所示。

表 2-14　　青海省 2020 年水电、光伏发电、风力发电及光热发电的月发电量单位：万 kW·h

月份	水电	光伏发电	风力发电	光热发电	汇总
1	312406	287246	100514	68760	768926
2	297610	294637	146508	57540	796295
3	338446	370244	156612	77810	943112
4	311904	374455	147168	70401	903928
5	337181	362801	142178	66224	908384
6	389160	343792	137232	50306	920490
7	606360	361346	113906	58483	1140095
8	642965	355584	93149	52518	1144216
9	397656	338545	96408	68918	901527
10	364039	329148	116138	68004	877329
11	284400	291122	101088	60653	737263
12	306230	273792	130944	60791	771757
年不均衡系数	0.30	0.10	0.18	0.12	0.14

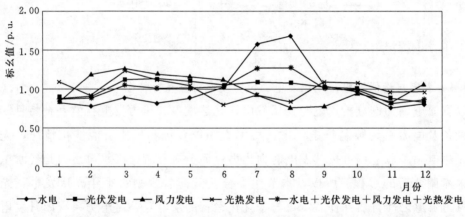

图 2-42　青海省 2020 年水电、光伏发电、风力发电、光热发电月发电量标幺值

第 3 章

清洁能源消纳能力分析

消纳一直是阻碍清洁能源发展的主要问题。近年来，我国清洁能源高速发展，清洁能源储备量十分巨大；但由于相关机制还不尽完善，致使我国一直面临清洁能源消纳问题的挑战，某些地区甚至已经出现了弃风弃光等极度浪费资源的现象，这些问题也引起我国政府甚至世界的关注。本章详细介绍了清洁能源消纳存在的问题及现状，并从理论上给出了评估消纳能力的方法及相应的指标体系，对开展消纳能力分析工作具有重要指导意义。

3.1 我国清洁能源消纳现状及存在的问题

3.1.1 我国清洁能源消纳现状

从清洁能源装机容量来看，截至 2016 年年底，我国风电、太阳能发电装机容量分别达到 14864 万 kW、7742 万 kW，同比增长 14%、84%，占我国发电总装机容量的比例为 9.0%、4.7%。甘肃、宁夏、新疆、青海、内蒙古、河北等 16 个省区风电和太阳能发电成为第二大电源。从新能源布局来看，风电装机主要集中在"三北"（东北、西北、华北北部）地区，占全国风电装机容量的 77%。太阳能发电装机主要集中在西北、华北地区，占全国太阳能发电装机容量的 66%。从清洁能源发电量来看，2016 年我国风电、太阳能发电量分别为 2410 亿 kW·h、662 亿 kW·h，同比增长 30%、72%，占全国发电量的比例达 4.0%、1.1%。从清洁能源弃电情况来看，2016 年国家电网公司经营区域内，16 个省区基本不弃风，22 个省区基本不弃光。受多种因素影响，东北、西北地区弃风问题突出，2016 年弃风电量达 396 亿 kW·h，占全网的 90%；西北地区弃光问题突出，弃光电量达 69 亿 kW·h，占全网的 99%。相较 2016 年，2017 年上半年清洁能源发展呈现 3 个特点，具体如下：

（1）风电装机增速趋缓，太阳能发电装机增长较快。全国新增风电装机容量 601 万 kW，同比下降 173 万 kW。其中，消纳矛盾突出的东北、西北地区新增装机容量同比分别下降77%、22%。受"6·30"电价调整等多重因素影响,新增太阳能发电装机容量达到2440万kW。

(2)清洁能源装机布局持续向东中部地区转移。华北、华东和华中地区新增风电、太阳能发电装机容量分别为385万kW、1694万kW,占全国新增发电装机容量的64%、69%。

(3)弃风、弃光情况得到有效遏制。

2017年上半年,弃风电量同比减少91亿kW·h,弃风率同比下降7.6个百分点,弃光率同比下降4.5个百分点,弃风电量和弃风率双双下降,弃光率实现下降。

国家能源局发布的数据显示,2018年,我国包括水电、风力发电、光伏发电、生物质发电等在内的可再生能源利用率显著提升,弃水、弃风、弃光状况明显缓解。2018年,我国弃水电量约691亿kW·h,在来水好于2018年的情况下,全国平均水能利用率达到95%左右。弃风主要集中在新疆、甘肃、内蒙古。2018年我国弃风电量277亿kW·h,同比减少142亿kW·h,弃风率同比下降5个百分点,大部分弃风限电严重地区形势好转。弃光主要集中在新疆和甘肃。2018年全国弃光电量同比减少18亿kW·h,弃光率同比下降2.8个百分点,实现弃光电量和弃光率"双降"。针对光伏发电建设规模迅速增长带来的补贴缺口持续扩大、弃光限电严重等问题,2018年,国家能源局会同有关部门对光伏产业发展政策及时进行了优化调整,全年光伏发电新增装机容量4426万kW,仅次于2017年新增装机容量,为历史第二高。截至2018年年底,我国可再生能源发电装机容量达到7.28亿kW,同比增长12%。可再生能源全年发电量1.87万亿kW·h,同比增长约1700亿kW·h。可再生能源的清洁能源替代作用日益突显。

3.1.2 我国清洁能源消纳存在的问题

大规模清洁能源消纳一直都是世界性难题。与国外相比,我国清洁能源资源集中、规模大、远离负荷中心、难以就地消纳。清洁能源集中的"三北"地区电源结构单一,抽水蓄能电站、燃气电站等灵活调节电源比重低,加之近几年经济增速放缓,电力增速减慢,在多种因素的共同作用下,清洁能源消纳矛盾更加突出。

1. 用电需求增长放缓,消纳市场总量不足

"十二五"以来,我国经济进入新常态,用电需求增长放缓。但包括清洁能源在内的各类电源仍保持较快增长,新增的用电市场无法支撑电源的快速增长,导致发电设备利用小时数持续下降。"十二五"以来,我国用电量增速为5.9%,电源装机容量增速为9.4%,特别是清洁能源装机容量快速增长,增速达到39.7%,远高于用电量增速。2016年,我国发电设备平均利用小时数为3785h,与2010年相比降低865h,下降19%。其中火电、核电、风电分别下降866h、798h、305h。

2. 电源结构性矛盾突出，系统调峰能力严重不足

（1）火电的调节能力差。我国的能源结构以煤为主，2018年火电占全国电源装机容量比重达到73.5%，调节能力先天不足。"三北"地区供热机组占很大比重，10个省区超过40%，特别是冬春季供热期、水电枯水期与大风期重叠，清洁能源消纳更加困难。东北地区出现供热期火电最小技术出力超过最小用电负荷的情况，完全没有消纳风电的空间。

（2）灵活调节电源比重低。我国抽水蓄能、燃气等灵活调节电源比重仅为6%。相比较而言，国外主要新能源国家灵活调节电源比重相对较高，西班牙、德国、美国的灵活调节电源占总装机容量的比例分别为31%、19%、47%，美国和西班牙灵活调节电源达到清洁能源的8.5倍和1.5倍。

3. 跨区跨省输电通道能力不足，难以在更大范围消纳

跨区跨省通道建设相对清洁能源的快速发展滞后，外送能力无法满足网源协调发展的需要。国家先后颁布了风电、太阳能发电等专项规划，但电网规划一直没有出台，新能源基地送出通道相对落后。2018年建成投运蒙东兴安—扎鲁特、新疆准北输变电及配套工程等15项提升清洁能源消纳能力的省内送出断面加强工程，提高清洁能源送电能力370万kW。开工建设青海—河南特高压直流工程、张北柔直示范工程，以及甘肃河西走廊750kV第三通道等重点工程。近些年，跨区跨省输电通道建设正在加快，预计2019年"三北"地区跨区直流外送能力和电量分别为5221万kW和2327亿kW·h。

4. 市场化机制缺失制约清洁能源消纳

（1）火力发电计划刚性执行挤占了清洁能源优先发电的空间。长期以来，我国发电量主要实行计划管理，政府年初确定各类电源发电计划，电网调度只能在计划框架下，通过局部优化争取多接纳清洁能源，调整的空间非常有限，不能适应节能环保和清洁能源消纳要求。国务院印发了《关于进一步深化电力体制改革的若干意见》（中发〔2015〕9号）及配套文件，提出放开发用电计划，保障优先发电，但没有明确同类电源的优先级排序，客观上造成清洁能源、火电计划和"以热定电"等电量间的矛盾，清洁能源发电市场空间受到其他优先发电的影响。

（2）清洁能源跨区消纳还存在省间壁垒。当前国内经济形势尚未回暖，电力供大于求，地方政府普遍对省间交易进行行政干预，而且干预力度不断加大。部分省经济主管部门要求电网企业在本省发电机组达到一定利用小时数前，不得购买外来电，包括低价的清洁能源电量，制约了清洁能源跨区跨省消纳。

5. 缺乏激励用户主动消纳清洁能源的机制

欧美等发达国家的经验表明，通过加强电力需求侧管理，运用电价政策改善用电负荷特性，可有效促进清洁能源多发满发。我国电力用户参与需求响应仍处于试点阶段，改善电网负荷特性、增加负荷侧调峰能力的市场潜力还没有得到挖掘，支持清洁能源并网消纳的灵活负荷利用基本空白，迫切需要建立需求响应激励机制。此外，我国可再生能源电力配额政策还没有建立，各地区特别是用电大省尚未充分履行生产、消纳清洁能源的责任义务。

3.2 清洁能源消纳能力分析

3.2.1 数学模型及评价指标体系

1. 数学模型

（1）目标函数。本节的研究目的是充分利用可调电源（水电、光热、抽蓄等），满足电力负荷和外送需求，尽量减少新能源弃电量和电量不平衡。目标函数可以描述为

$$
\min \left\{
\begin{array}{l}
\displaystyle\sum_{m=1}^{12}\sum_{d=1}^{T_d}\sum_{t=1}^{24}\sum_{j=1}^{G_c}\left[f(P_{mdtj}^{C})+Q_{mdtj}^{\text{on}}u_{mdtj}+Q_{mdtj}^{\text{off}}v_{mdtj}\right]\\[2mm]
+\rho_{\text{L}}\displaystyle\sum_{m=1}^{12}\sum_{d=1}^{T_d}\sum_{t=1}^{24}P_{mdtj}\\[2mm]
+\lambda_1\displaystyle\sum_{m=1}^{12}\sum_{d=1}^{T_d}\sum_{t=1}^{24}\sum_{j=1}^{W}(P_{mdtj}^{W(0)}-P_{mdtj}^{W})\\[2mm]
+\lambda_2\displaystyle\sum_{m=1}^{12}\sum_{d=1}^{T_d}\sum_{t=1}^{24}\sum_{j=1}^{S}(P_{mdtj}^{S(0)}-P_{mdtj}^{S})\\[2mm]
+\lambda_3\displaystyle\sum_{m=1}^{12}\sum_{d=1}^{T_d}\sum_{j=1}^{H}E_{Hmdj}^{Q}\\[2mm]
+\displaystyle\sum_{m=1}^{12}\sum_{d=1}^{T_d}\sum_{t=1}^{24}\sum_{j=1}^{CSP}\left[g_j(P_{mdtj}^{CSP})+c_1 x_{mdtj}+c_2 y_{mdtj}\right]
\end{array}
\right\}
\tag{3-1}
$$

式（3-1）中各项解释如下：

1）第一项为火电厂运行费用，$f(\cdot)$ 为电站 j 的燃料费用成本函数，P_{mdtj}^{C} 为火电站 j 的 m 月 d 日 t 时刻有功出力，Q_{mdtj}^{off} 为 m 月 d 日 t 时刻电站 j 的停机费用，Q_{mdtj}^{on} 为 m 月 d 日 t 时刻电站 j 的启动费用，u_{mdtj} 和 v_{mdtj} 为电站 j 的 m 月 d 日 t 时刻的启停 0/1 整数变量。

2）第二项为失负荷费用（或失负荷惩罚），P_{mdtj} 为系统 m 月 d 日 t 时刻的失负荷（或失备用），ρ_{L} 为失负荷（或失备用）的成本或惩罚。

3）第三项为弃风惩罚，$P_{mdtj}^{W(0)}$ 为风电场 j 的 m 月 d 日 t 时刻的预想出力，P_{mdtj}^{W} 为风电场 j 的 m 月 d 日 t 时刻的实际出力，λ_1 为弃风的惩罚。

4）第四项为弃光惩罚，$P_{mdtj}^{S(0)}$ 为光伏电站 j 的 m 月 d 日 t 时刻的预想出力，P_{mdtj}^{S} 为光伏电站 j 的 m 月 d 日 t 时刻的实际出力，λ_2 为弃光惩罚。

5）第五项为弃水惩罚，E_{Hmdj}^{Q} 为水电厂 j 的 m 月 d 日的弃水量，λ_3 为弃水惩罚。

6）第六项为光热电站运行费用，P_{mdtj}^{CSP} 为光热电站 j 的 m 月 d 日 t 时刻的出力，$g_j(\cdot)$ 为光热电站 j 的效率函数，x_{mdtj} 和 y_{mdtj} 分别为光热电站 j 的 m 月 d 日 t 时刻的启停 0/1 整数变量，c_1 和 c_2 为启停费用。

7）T_d 为第 d 月的天数；G_C、W、S、H、CSP 分别为火电厂、风电场、光伏电站、水电站和光热电站的数目。

（2）约束条件。

1）系统平衡类约束。

a. 系统电力平衡约束为

$$\sum_{j \in J} P_{mdtj} + \mu_{mdt} = L_{mdt} \quad (m = 1, \cdots, 12; d = 1, \cdots, T_d; t = 1, \cdots, 24) \tag{3-2}$$

式中　P_{mdtj}——m 月 d 日 t 时刻电站 j 的发电出力；

J——电站总数；

L_{mdt}——水平年 m 月 d 日 t 时刻的负荷；

μ_{mdt}——m 月 d 日 t 时刻的外购电。

b. 系统负荷备用约束为

$$\sum_{j \in J} R_{L,mdtj} \geqslant R_{LN,mdt} \quad (m = 1, \cdots, 12; d = 1, \cdots, T_d; t = 1, \cdots, 24) \tag{3-3}$$

式中　$R_{L,mdtj}$——水平年 m 月 d 日 t 时刻电站 j 承担的负荷备用容量；

$R_{LN,mdt}$——水平年 m 月 d 日 t 时刻的系统备用容量下限。

c. 系统调峰平衡约束为

$$\sum_{j \in J} \Delta P_{mdtj} \geqslant \Delta L_{mdt} + R_{LN,mdt} \quad (m = 1, \cdots, 12; d = 1, \cdots, T_d; t = 1, \cdots, 24) \tag{3-4}$$

式中　ΔP_{mdtj}——水平年 m 月 d 日 t 时刻电站 j 的调峰容量；

ΔL_{mdt}——水平年 m 月 d 日 t 时刻的负荷峰谷差。

d. 系统保安开机约束为

$$\sum_{j \in J} n_{T,mdtj} C_j \geqslant C_{min,md} \quad (m = 1, \cdots, 12; d = 1, \cdots, T_d; t = 1, \cdots, 24) \tag{3-5}$$

式中　$\sum_{j \in J} n_{T,mdtj}$——$m$ 月 d 日保安电源的开机台数；

C_j——电站 j 的单机容量；

$C_{min,md}$——m 月 d 日的保安开机容量。

2）电站运行类约束。

a. 电站发电出力的上、下限约束为

$$P_{mdtj}^{min} \leqslant P_{mdtj} \leqslant P_{mdtj}^{max} \tag{3-6}$$

式中 P_{mdtj}——水平年 m 月 d 日 t 时刻电站 j 的发电出力；

$P_{mdtj}^{\max}$、$P_{mdtj}^{\min}$——m 月 d 日 t 时刻电站 j 发电出力的上、下限。

　　b. 电站承担系统备用容量的上、下限约束为

$$0 \leqslant R_{mdtj} \leqslant R_{mdtj}^{\max} \tag{3-7}$$

式中 R_{mdtj}、$R_{mdtj}^{\max}$——电站 j 水平年 m 月 d 日 t 时刻承担的系统备用容量及其上限。

　　c. 水电站电量平衡约束为

$$\begin{cases} \sum_{t=1}^{T_{md}} (P_{Hmdtj} + P_{Qmdtj}) = E_{Hmdj}^{P} + E_{Hmdj}^{Q} = E_{Hmdj} \\ E_{mdj}^{\min} \leqslant E_{Hmdj} \leqslant E_{mdj}^{\max} \end{cases} \tag{3-8}$$

式中 P_{Hmdtj}、P_{Qmdtj}——水平年 m 月 d 日 t 时刻水电站 j 的发电出力和弃水电力；

E_{Hmdj}^{P}、E_{Hmdj}^{Q}——水平年 m 月 d 日水电站 j 的发电用水量和弃水量；

T_{md}——水平年 m 月 d 日的时间；

E_{Hmdj}——水平年 m 月 d 日水电站 j 的发电量；

$E_{mdj}^{\max}$、$E_{mdj}^{\min}$——水电站 j 的日发电量上、下限。

　　d. 抽水蓄能电站日电量平衡约束为

$$\begin{cases} \sum_{t=1}^{24} P_{Pjmdt} = \eta_j E_{PVjmd} \\ E_{PVjmd} = \sum_{t=1}^{24} L_{Pjmdt} \leqslant E_{PVj} \end{cases} \tag{3-9}$$

式中 E_{PVj}、η_j——抽水蓄能电站 j 日的最大抽水库容及抽水—发电转换效率；

E_{PVjmd}、P_{Pjmdt}、L_{Pjmdt}——m 月 d 日抽水蓄能电站 j 的抽水电量、t 时刻发电出力及抽水负荷。

　　e. 电站启停调峰运行时最短开机、停机时间约束为

$$\begin{cases} t_{Rjmd} \geqslant \underline{t}_{Rj} \\ t_{Sjmd} \geqslant \underline{t}_{Sj} \end{cases} \tag{3-10}$$

式中 t_{Rjmd}、t_{Sjmd}——m 月 d 日火电厂 j 启停调峰运行时连续开机小时数和连续停机小时数；

$\underline{t}_{Rj}$、$\underline{t}_{Sj}$——火电厂 j 启停调峰运行时连续开机小时数和连续停机小时数下限。

　　f. 光热电站约束。光热电站除了一般的电站运行类约束后，还有其他关于储热罐储热、放热、电站热平衡的约束。熔融盐光热发电示意图如图 3-1 所示。

　　模型的主要约束叙述如下：

　　a) 光热电站热平衡约束为

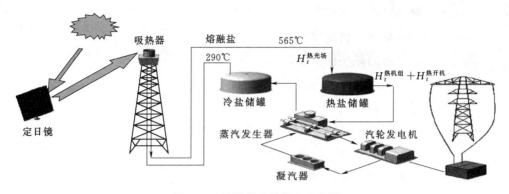

图 3-1　熔融盐光热发电示意图

$$\begin{cases} a: H_t^{热熔盐} - H_t^{热吸收} + H_t^{热放出} - H_t^{热机组} - H_t^{热弃} - H_t^{热开机} = 0 \\ b: 0 \leqslant H_t^{热吸收} \leqslant c_t^{吸收} H_{max}^{热吸收} \\ c: 0 \leqslant H_t^{热放出} \leqslant (1 - c_t^{吸收}) H_{max}^{热放出} \\ d: H_t^{热机组} + H_t^{热开机} \leqslant H_{max}^{热汽机} \\ e: \sum H_t^{热吸收} = \sum H_t^{热放出} \end{cases} \quad (3-11)$$

式中　$H_t^{热熔盐}$——熔融盐吸收的热功率；

$H_t^{热吸收}$、$H_t^{热放出}$——t 时刻储热罐吸收、放出的热功率；

$H_t^{热机组}$——t 时刻供机组发电的热功率；

$H_t^{热开机}$——t 时刻供机组启动的热功率；

$H_t^{热弃}$——t 时刻的平衡热功率。

式（3-11）中各约束含义如下：

约束 a 表示机组热平衡约束；约束 b 表示储热罐储热的最大、最小功率约束；约束 c 表示储热罐放热的最大、最小功率约束（储热罐储热、放热不同时发生）；约束 d 表示汽轮机最大进气约束；约束 e 表示机组启动热功率约束；约束 f 表示储热周期调节约束。

b）启动时刻 k 的热量约束为

$$H_k^{热开机} + H_{k-1}^{热开机} = H_0^{热开机}$$
$$s_k^{开机} = 1 \quad (3-12)$$

式中　$s_k^{开机}$——机组启动时刻的变量。

c）储热罐热平衡约束。

$$\begin{cases} E_t^{热罐} = (1-\gamma) E_{t-1}^{热罐} + \eta_{吸} H_{t-1}^{热吸收} - \eta_{放} H_{t-1}^{热放出} \\ E_{min}^{热罐} \leqslant E_t^{热罐} \leqslant E_{max}^{热罐} \end{cases} \quad (3-13)$$

式中　$E_t^{热罐}$——t 时刻的储热罐存储热量；

γ——储热罐的热耗散系数；

$\eta_{吸}$——储热罐的吸热效率；

$\eta_{放}$——储热罐的放热效率；

$E_{min}^{热罐}$——储热罐的最小储热值；

$E_{max}^{热罐}$——储热罐的最大储热值。

d）机组热电转换约束为

$$\begin{cases} P_t^{电机组} = f(H_t^{热机组}) \\ P_{min}^{电机组} x_t^{启停} \leqslant P_t^{电机组} \leqslant P_{max}^{电机组} x_t^{启停} \end{cases} \tag{3-14}$$

式中　$x_t^{启停}$——表述机组启停状态的变量。

式（3-14）表示机组热电转换关系以及机组发电出力的最大、最小功率约束。

e）地区间联络线功率约束为

$$\mu_{L,mdtj} \leqslant \mu_{mdtj} \leqslant \mu_{H,mdtj} \tag{3-15}$$

式中　μ_{mdtj}——联络线 j 的 m 月 d 日 t 时刻的潮流；

$\mu_{L,mdtj}$、$\mu_{H,mdtj}$——联络线 j 的 m 月 d 日 t 时刻允许通过的功率下限和上限，该数值可以由热稳定极限得出，也可以由暂态稳定极限得出，具体由调度运行人员根据电力系统仿真计算分析等因素确定。

（3）模型求解。本节所依托的生产模拟计算程序基于最优化算法编写，实现的功能为：某时段内在给定负荷曲线、水文信息、间歇性电源出力特性等基本信息后，以产生最小煤耗，最大接纳水能、间歇性新能源为目标，安排常规机组开机计划、运行方式，计算间歇性电源由于系统调峰能力不足而造成的弃电量、计算区间联络线的购电需求以及电力不足期望（EENS）等指标。程序在每一周期内的机组组合算法属于最优化算法，给出明确的目标函数和约束条件，利用成熟的商业求解器求解。

程序计算流程如下：

1）读入各机组数据和算例基本数据。各机组数据包括火电、水电、风电、光伏发电、抽蓄发电、光热发电以及打捆机组的各项参数；算例基本数据包括一次循环求解的周期长度、网架结构、负荷、备用容量、直流功率等。

2）读入清洁能源的资源数据。各资源数据包括水量、光热资源、光伏资源、风电资源等。

3）选择是否进行水电电量预平衡。

4）对模型进行求解。

5）输出各机组开机计划和各计算指标。各机组开机计划、各类型机组各时段是否开机及各时段出力。

6）判断各机组组合是否安排完毕。当时间尺度较大时，需要多次循环完成优化。如果"否"，转到第7）步；如果"是"，转到第8）步。

7）保存阶段结果，进行下阶段优化。程序将读入前一阶段的机组运行状态，并继续对下一阶段的机组进行优化。

8）当所有时段的机组组合安排完毕，程序结束，输出全部结果。

计算流程如图 3-2 所示。

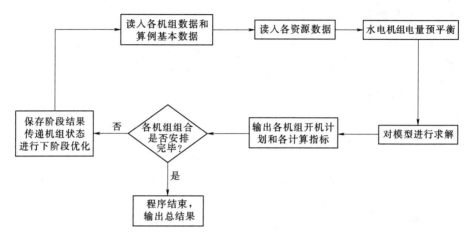

图 3-2　计算流程图

2. 评价指标体系

（1）发电可靠性指标及计算方法。电力不足概率（LOLP）是指发电系统裕度小于 0 的概率，反映研究周期内电力不足小时数与研究周期的比值。

1）m 月 d 日电力不足概率。

m 月 d 日的电力不足小时数为

$$RLH_{md} = \sum_{t=1}^{24} \mathrm{sgn}\{\max[0, -L(m,d,t)]\} \tag{3-16}$$

式中　$\mathrm{sgn}(x)$——符号函数，x 大于 0 则返回 1，x 等于 0 则返回 0；

$L(m,d,t)$——m 月 d 日 t 时刻的电力盈亏，即系统发电容量与系统负荷的差值，$L(m,d,t)<0$ 表示电力不足，$L(m,d,t)>0$ 表示电力盈余。

则 m 月 d 日系统电力不足概率为

$$RLOLP_{md} = \frac{RLH_{md}}{24} \tag{3-17}$$

a. m 月电力不足概率。m 月内各日电力不足小时数为

$$YLH_m = \sum_{d=1}^{N_m} RLH_{md} \tag{3-18}$$

式中　N_m——m 月的天数。

则 m 月电力不足概率为

$$YLOLP_m = \frac{YLH_m}{24N_m} \tag{3-19}$$

b. 年电力不足概率。年内电力不足小时数的总和为

$$NLH_y = \sum_{m=1}^{12} YLH_m \tag{3-20}$$

则年电力不足概率为

$$NLOLP_y = \frac{NLH_y}{12 \times N_m \times 24} \tag{3-21}$$

2）电量不足指标。电量不足指标是指研究周期内由于供电不足造成损失电量的期望值。

a. m 月 d 日电量不足指标为

$$RENS_{md} = \sum_{t=1}^{24} \max\{0, -L(m, d, t)\} \tag{3-22}$$

b. m 月电量不足指标为

$$YENS_m = \sum_{d=1}^{N_m} RENS_{md} \tag{3-23}$$

c. 年电量不足指标为

$$NENS = \sum_{m=1}^{12} YENS_m \tag{3-24}$$

（2）系统弃电量类指标及计算方法。

1）电源弃电小时数及弃电率。

a. m 月 d 日弃电小时数为

$$RQDH_{md} = \sum_{t=1}^{24} \text{sgn}[Q_N(m, d, t)] \tag{3-25}$$

式中　$Q_N(m, d, t)$ ——m 月 d 日 t 时刻的电源弃电电力；

　　　　$\text{sgn}(x)$ ——符号函数，x 大于 0 则返回 1，x 等于 0 则返回 0。

b. m 月弃电小时数为

$$YQDH_m = \sum_{d=1}^{N_m} RQDH_{md} \tag{3-26}$$

c. 年弃电小时数为

$$NQDH_y = \sum_{m=1}^{12} YQDH_m \tag{3-27}$$

由弃电小时数与弃电功率即可得到弃电量。按照时间尺度的不同，可以分为日、月、年弃电量及弃电率。

d. m 月 d 日弃电量为

$$RQDE_{md} = \sum_{t=1}^{24} Q_N(m,d,t) \qquad (3-28)$$

e. m 月弃电量为

$$YQDE_m = \sum_{d=1}^{N_m} RQDE_{md} \qquad (3-29)$$

f. 年弃电量为

$$NQDE_y = \sum_{m=1}^{12} YQDE_m \qquad (3-30)$$

研究周期内（年、月、日），电源弃电量 QDE 与电源理论发电量 FDE 之比为研究周期内的电源弃电率，即

$$QDL = \frac{QDE}{FDE} \times 100\% \qquad (3-31)$$

根据电源类型的不同，上述指标可以按照风电、光伏发电、光热发电、水电等电源分别计算，从而得到各类电源的弃电小时、弃电量、弃电率等指标。

2）调峰不足小时指标。由于导致系统发生间歇性电源弃电的原因可能很多，如网络约束等，本书定义由于调峰不足导致的间歇性电源弃电的指标如下：

a. m 月 d 日调峰不足小时数为

$$RTFQH_{md} = \sum_{t=1}^{24} \text{sgn}\{\max[0,\ L(m,d,t)]\} \qquad (3-32)$$

b. m 月调峰不足小时数为

$$YTFQH_m = \sum_{d=1}^{N_m} RTFQH_{md} \qquad (3-33)$$

c. 年调峰不足小时数为

$$NTFQH_y = \sum_{m=1}^{12} YTFQH_m \qquad (3-34)$$

对研究周期内系统调峰不足小时数和调峰电力缺额乘积累加求和，可以得到研究周期内的调峰不足电量指标。

d. m 月 d 日调峰不足电量为

$$RTFQE_{md} = \sum_{t=1}^{24} \max\{0,\ L(m,d,t)\} \qquad (3-35)$$

e. m 月调峰不足电量为

$$YTFQE_m = \sum_{d=1}^{N_m} RTFQE_{md} \qquad (3-36)$$

f. 年调峰不足电量期望值为

$$NTFQE_y = \sum_{m=1}^{12} YTFQE_m \qquad (3-37)$$

（3）运行经济类指标及计算方法。

1）电站年发电小时数。

a. m 月 d 日电站发电小时数为

$$RFDH_{md} = \frac{E_{md}}{C_N} \qquad (3-38)$$

式中 E_{md}——m 月 d 日的电站发电量；

     C_N——该类电站的装机容量之和。

b. m 月电站发电小时数为

$$YFDH_m = \sum_{d=1}^{N_m} RFDH_{md} \qquad (3-39)$$

c. 水平年电站发电小时数为

$$NFDH_y = \sum_{m=1}^{12} YFDH_m \qquad (3-40)$$

2）抽蓄损失。由于抽水蓄能电站具有一定的抽水发电效率，频繁启动抽水蓄能电站势必会产生能量损失，因此定义研究周期内抽水蓄能电站效率为

$$CXXL = \frac{EP}{ES} \qquad (3-41)$$

式中 EP——研究周期内的发电量；

     ES——研究周期内的抽水电量。

根据研究周期的不同，定义如下指标：

a. m 月 d 日抽蓄电站效率为

$$RCXXL_{md} = \frac{RE_{md}}{RES} \qquad (3-42)$$

式中 RE_{md}——抽蓄电站 m 月 d 日的发电量；

     RES——抽蓄电站 m 月 d 日的抽水电量。

b. m 月抽蓄电站效率为

$$YCXXL_m = \frac{YE_m}{YS} \qquad (3-43)$$

式中 YE_m——抽蓄电站 m 月的发电量；

     YS——抽蓄电站 m 月的抽水电量。

c. 年抽蓄效率为

$$NCXXL_y = \frac{NE_y}{NS} \qquad (3-44)$$

式中 NE_y——抽蓄电站的年发电量；

NS——抽蓄电站的年抽水电量。

3）火电煤耗。研究周期内火电厂煤耗可以分为发电煤耗和启停煤耗两部分。

a. m 月 d 日火电厂煤耗为

$$RHDMH_{md} = \sum_{i=1}^{N} \left\{ \sum_{t=1}^{24} \left[f(g_{it}) \times g_{it} \right] + u_i + d_i \right\} \qquad (3-45)$$

式中 $RHDMH_{md}$——m 月 d 日火电厂煤耗；

$f(g_{it})$——火电站 i 在时刻 t 的煤耗率曲线，一般为二次曲线；

g_{it}——火电站 i 在时刻 t 的出力；

u_i、d_i——火电站 i 在 m 月 d 日的启动煤耗和关停煤耗。

b. m 月火电厂煤耗为

$$YHDMH_m = \sum_{d=1}^{N_m} RHDMH_{md} \qquad (3-46)$$

c. 年火电厂煤耗为

$$NHDMH_y = \sum_{m=1}^{12} YHDMH_m \qquad (3-47)$$

4）火电调峰损失。火电调峰损失定义为同一煤耗量下，火电运行于额定出力的发电量与实际发电量的比值。

a. m 月 d 日火电调峰损失为

$$RHDS_{md} = \frac{RHE_{md}}{RHE_{md}^M} \qquad (3-48)$$

式中 RHE_{md}——m 月 d 日的火电厂发电量；

RHE_{md}^M——额定出力下（煤耗为 1.0）RHE_{md} 对应的煤的可发火电量。

b. m 月火电调峰损失为

$$YHDS_{md} = \frac{YHE_{md}}{YHE_{md}^M} \qquad (3-49)$$

式中 YHE_{md}——m 月的火电厂发电量；

YHE_{md}^M——额定出力下 YHE_{md} 对应的煤的可发火电量。

c. 年火电调峰损失为

$$NHTF_{md} = \frac{NHE_{md}}{NHE_{md}^M} \qquad (3-50)$$

式中 NHE_{md}——火电厂的年发电量；

NHE_{md}^M——额定出力下 NHE_{md} 对应的煤的可发火电量。

5）广义弃电量和弃电率。

a. 广义弃电量。广义弃电量为系统中各类电源的发电损失之和，包括弃风、弃光、弃光热、弃水、火电调峰损失等，即

$$GYQD = \sum_{i=1}^{T}(QF_i + QG_i + QS_i + QGR_i + HDS_i + CXS_i) \qquad (3-51)$$

式中　QF_i、QG_i、QS_i、QGR_i、HDS_i、CXS_i——第 i 时刻，系统的弃风电量、弃光电量、弃水电量、弃光热电量、火电损失电量、抽蓄损失电量；

T——研究周期，年、月、日等。

b. 广义弃电率。广义弃电率定义为系统中各类型电源实际发电量与理想发电量的比值，即

$$GYQDL = \frac{GYQD}{XTFD} \times 100\% \qquad (3-52)$$

式中　$XTFD$——系统各类电源不弃电情况下的发电量，对于火电而言为相同的煤炭消耗量情况下，火电机组在额定出力下的发电量。

3.2.2　实践案例

1. 边界条件

以青海省为例，根据国家"十三五"电力规划负荷预测，青海电网 2019 年最高用电负荷为 1035 万 kW，全社会用电量为 760 亿 kW·h。2019 年青海电网负荷电量预测结果见表 3-1。

表 3-1　　　　　　　　　　2019 年青海电网负荷电量预测结果

参　　数		2019 年	参　　数		2019 年
负荷/MW	西宁地区	629	负荷/MW	海西地区	146.1
	海东地区	266		果洛地区	8.8
	黄化地区	26.7		玉树地区	6.8
	海北地区	28.6	最大用电负荷/MW		1035
	海南地区	13.1	全社会用电量/(亿 kW·h)		760

根据对各电网年负荷特性参数的分析，青海电网典型年负荷特性曲线和日负荷特性曲线预测如图 3-3 和图 3-4 所示。

2. 电源情况

2019 年青海电网预计总装机容量为 3308.5 万 kW，其中：水电装机容量为 1191 万 kW，占总装机容量的 36%；火电装机容量为 399 万 kW，占总装机容量的 12.1%；太阳能发电装机容量为 1236.5 万 kW（含光热装机容量 34.5 万 kW），占总装机容量的 37.4%；风电装机容量 482 万 kW，占总装机容量的 14.5%。

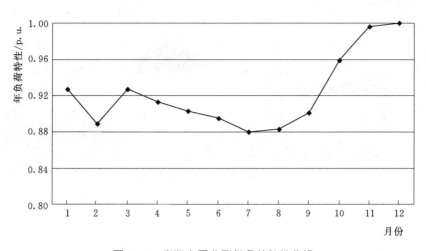

图 3-3 青海电网典型年负荷特性曲线

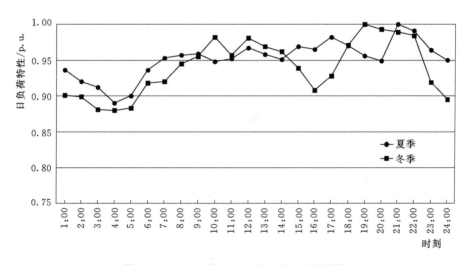

图 3-4 青海电网典型日负荷特性曲线预测

根据生产模拟结果，2019 年青海电网的消纳情况见表 3-2。典型日的电站出力曲线图如图 3-5 所示。

表 3-2　　　　　　　　　　　　　2019 年青海电网的消纳情况

参　　数	2019 年	参　　数	2019 年
一、青海内需电量/(亿 kW·h)	760	3. 光热发电/万 kW	34.5
二、青海交流外送/受入电量/(亿 kW·h)	85.3/28.7	四、清洁能源弃电量/万 kW	17.8
三、清洁能源装机容量合计/万 kW	1718.5	1. 风力发电/万 kW	5.5
1. 风力发电/万 kW	482	2. 光伏发电/万 kW	12.3
2. 光伏发电/万 kW	1202	五、新能源弃电率/%	6.5

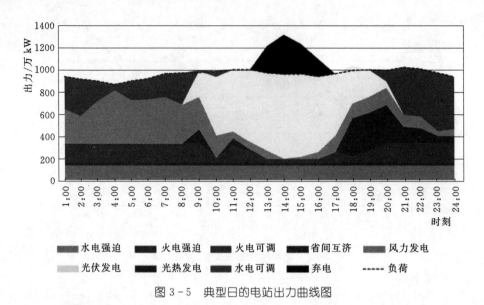

图 3-5　典型日的电站出力曲线图

第 4 章

清洁能源汇集并网技术

我国风电、光伏发电的出力受自然条件影响，存在比较大的波动性，大规模并网后，给电力系统的调度运行带来了较大挑战。为了最大化消纳清洁能源，除了充分挖掘源侧互补调节能力外，还要解决清洁能源汇集、并网优化布局的问题。本章在提出清洁能源消纳能力的基础上，从具体并网细节等微观层面，进一步细化清洁能源汇集并网技术，为促进网源协调发展提供理论基础。

4.1 风电/光伏发电功率汇集技术

4.1.1 研究思路

本节提出了将大规模风电场/光伏发电基地分区的思想，采取自下而上的寻优算法，对大规模问题进行降阶优化，先将大规模风电场/光伏发电基地分区，然后在区域内综合考虑经济性和可靠性指标，对各个区域内的风电场/光伏发电基地汇集拓扑进行优化研究，最终完成对大规模风电场/光伏发电基地汇集拓扑的优化设计。

1. 无功电压稳定性分析

（1）建立不同功率汇集拓扑结构的静态电压稳定分析模型。在所建立的电网模型中，应充分考虑大型风电场/光伏发电基地的无功功率控制能力以及其配套的无功功率补偿装置。

（2）分析不同拓扑结构在静态电压稳定问题上的特点，并研究相关影响因素。利用电压稳定分析中的特征结构分析法、模态分析法以及灵敏度分析法对发电基地的出力、线路长度、配置无功补偿比例等因素进行分析与对比；研究不同功率汇集拓扑结构的特点，包括系统薄弱区域与薄弱节点的确定。最后，在相同汇集功率、相同输电线路下，对比不同功率汇集拓扑模式系统的无功电压特性。回答电压不稳定最可能在什么地方发生、为什么会发生、哪些因素起关键作用等关键问题。

（3）选取青海实际电网结构中具有相应功率汇集拓扑结构的区域进行建模，并对上述简单系统中的分析结果进行验证。实际复杂系统往往存在简单系统中所不能体现的问题，为验证（2）所得结论在复杂大系统下的准确性，这部分根据实际系统的案例对上述分析结果进行进一步的验证。

（4）对上述分析结果进行凝练、总结，提出可应用于工程实践的简化结论，为电力系统实际运行提供参考，并辅助大规模风电场/光伏发电基地功率汇集拓扑的规划与设计。

2. 分析典型拓扑的结构特点

针对现有的典型汇集拓扑结构，分别分析和总结其各自的结构特点及其使用范围。

3. 聚类分区

由于大规模风电场/光伏发电基地多有几十台或上百台大容量、同类型风电机组或光伏电池板组成，且地理位置分布高度分散，因此地理位置相距较远的风电机组所流过的风速会有较大差异，光伏基地的日照强度也有差异。为使整个风电场/光伏发电基地实现最大功率捕获率，大型风电场/光伏发电基地内相同类型的机组将根据其所处地理位置相近且流过的风速或日照强度基本一致的原则分为若干机组群。

针对风电场/光伏发电基地的地理位置分布和数量，采用以距离为目标函数的模糊聚类分区算法将风电场/光伏发电基地划分为不同的分区，使得每个区域内流过的风速或光照强度基本一致。

4. 区域内优化

针对每个分区内风电场/光伏发电基地的具体位置分布和数量，结合上述典型拓扑的结构特点，对每个分区选定一种典型拓扑，然后针对选中的典型拓扑，采用改进的单亲遗传算法对该拓扑结构以经济性为指标进行优化，最终获得经济性最优的风电/光伏发电基地功率汇集拓扑。

5. 可靠性分析

针对设计出的功率汇集拓扑结构，采用蒙特卡洛法，选择相应的可靠性指标对其进行可靠性分析。

6. 功率汇集系统拓扑评估

定义功率汇集系统拓扑评估指标，根据计算所得的经济性指标和可靠性指标计算拓扑评估指标，确定最终汇集方案。

4.1.2 风电/光伏发电功率汇集拓扑对无功电压特性的影响

1. 辐射式功率汇集拓扑无功电压特性分析

在电力系统分析综合程序（Power System Analysis Synthesis Program，PSASP）仿真环境中搭建对应的测试系统，其拓扑如图4-1所示。图中G1~G6为6个光伏发电基地；G7为平衡机；B7为辐射式拓扑汇集母线，端口处考虑本地恒功率负荷；B7

与 B8 之间为 110kV/330kV 变压器；静止同步补偿器（Static Synchronous Compensator，STATCOM）对应为 B7 母线处的补偿装置，其容量为变压器容量的 20%，这里取值为 144Mvar；B8 与 B9 之间为长距离输电线路。

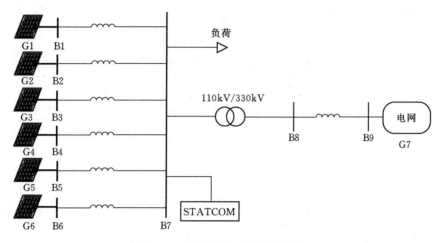

图 4-1　简单辐射式系统拓扑图

辐射式功率汇集拓扑中，各个光伏发电基地的发电功率与无功补偿容量各不相同，且经不同长度的线路汇集至母线；这些因素都会极大影响各个光伏发电基地的无功电压特性。所以有必要针对上述关键影响因素分析功率汇集系统中的薄弱区域与薄弱节点，并分析、对比这些关键因素对光伏发电基地无功电压特性的影响程度。

在简单辐射式拓扑系统中，初始情况下，由于输出功率恒定且端口配置相当比例的无功补偿装置，因此将各个光伏发电基地考虑为 PV 节点；同样，汇集母线处的无功补偿装置为 PV 节点，其输出有功功率为 0；负荷节点为恒功率 PQ 节点；无穷大电网为平衡节点。

系统的运行过渡方式设置为负荷按初始潮流的恒功率因素等比例增大。由于光伏发电基地不承担调频功能，且受无功补偿装置容量的限制，光伏发电基地在后续连续潮流计算中将由 PV 节点转换至 PQ 节点。类似的，汇集母线处的无功补偿装置在系统过渡方式中也会由 PV 节点变为 PQ 节点，算例研究见表 4-1。

表 4-1　　　　　　　　　　　算　例　研　究

光伏发电基地名	算例 1 汇集线路长度/km (LGJ-240-2.5)	算例 2 光伏发电基地的发电功率/MW	算例 3 无功补偿功率/Mvar ($P_g=100MW$，实发 45MW)
G1	2.25	30	25（25%）
G2	4.5	45	30（30%）
G3	9	60	35（35%）

（1）算例1：汇集线路距离对无功电压特性的影响。以图4-1所示模型为基础，光伏发电基地G1～G3至汇集母线的汇集线路采用的线路类型为LGJ-240-2.5，相应的线路长度依次成比例为2.25km、4.5km、9km。G1～G3的发电容量相同均为0.45p.u.，端口的无功补偿容量均为0.25p.u.（按额定发电容量25％配置无功补偿装置）。功率汇集线路距离对G1～G3无功电压特性的影响见表4-2。

表4-2　　　　　　功率汇集线路距离对G1～G3无功电压特性的影响　　　　　单位：p.u.

项目		初始运行状态				极限运行状态			
		功率	电压	dU/dQ	P_{ki}	功率	电压	dU/dQ	P_{ki}
光伏发电基地名	G1	0.45-j0.137	1.0000	—	—	0.450+j0.250	0.56725	0.115164	0.119670
	G2	0.45-j0.151	1.0000	—	—	0.450+j0.250	0.57120	0.114322	0.117437
	G3	0.45-j0.158	1.0000	—	—	0.450+j0.250	0.57888	0.112791	0.113438
无功补偿		0.00+j1.440	0.9998	—	—	0.000+j1.440	0.56324	0.116061	0.122079
负荷		1.00+j1.000	0.9998	—	—	6.766+j6.766	0.56324	—	—

在初始运行状态下，各光伏发电汇集基地端口电压受无功功率的调节作用被控制为1p.u.。针对上述系统在运行过渡方式下进行连续潮流仿真，得到系统各个节点在极限点即PV曲线鼻点处的潮流值。从表4-2中可以看到，在极限点处，系统中各个光伏发电基地以及汇集母线处的无功补偿装置均转换为PQ节点；且随着汇集线路长度的增大，G3在极限点处的灵敏度以及参与因子均低于G1，说明与功率汇集点距离的增大会使光伏发电基地的稳定性增强，由于极限点处参与因子的变化趋势与灵敏度的变化趋势相同，因而这里可从无功电压灵敏度的角度来进行解释。功率汇集系统中通常不会包含大量负荷，负荷通常位于功率汇集系统外部，随着负荷过渡方式的增长，汇集母线电压会持续降低直至极限点，最终电压崩溃。由于G3距离汇集母线最远，导致3个光伏发电基地最终相对同一个汇集母线来说，距离最远的光伏发电基地相对汇集母线的电压压降最大，且由于极限运行情况下，光伏发电基地均对外发出相同的有功无功功率（即表现为PQ节点）。因此，可以从表4-2中观察到G3的端口电压要高于G1的端口电压，同时由于3个光伏发电基地均从1p.u.的电压随系统负荷的增大而跌落，因此G3所体现的自身的电压灵敏度小于G2，相应的G2的电压灵敏度小于G1。

通过研究汇集线路距离对新能源场站无功电压特性影响可以看出：汇集线路距离与新能源场站极限点的电压稳定程度成反比，即汇集线路的距离越长（短），新能源场站的电压稳定性越强（弱）。

（2）算例2：发电功率对无功电压特性的影响，光伏发电基地发电功率对G1～G3的影响见表4-3。

表 4-3   光伏发电基地发电功率对 G1～G3 的影响   单位：p.u.

项目		初始运行状态				极限运行状态			
		功率	电压	dU/dQ	P_{ki}	功率	电压	dU/dQ	P_{ki}
光伏 发电 基地名	G1	$0.30-j0.096$	1.0000	—	—	$0.30+j0.250$	0.54776	0.114456	0.117476
	G2	$0.45-j0.150$	1.0000	—	—	$0.45+j0.250$	0.54882	0.114253	0.117319
	G3	$0.60-j0.205$	1.0000	—	—	$0.60+j0.250$	0.54986	0.114063	0.117191
无功补偿		$0.00+j1.440$	0.9998	—	—	$0.00+j1.440$	0.54054	0.115955	0.121669
负荷		$1.00+j1.000$	0.9998	—	—	$6.77+j6.770$	0.54054	—	—

以图 4-1 所示模型为基础，考虑 G1～G3 的发电功率分别为 30MW、45MW、60MW（对应的标幺值为 0.3p.u.、0.45p.u.、0.6p.u.），同时，各个光伏基地的汇集线路长度均为 4.5km，无功补偿容量均为 0.25p.u.（按额定发电容量 25% 配置无功补偿装置）。

初始运行状态下，各个光伏发电基地的端口电压受自身无功补偿装置的作用而被控制为 1p.u.。采用上述的运行过渡方式，极限运行状态下，光伏发电基地以及汇集母线处的无功补偿装置均转换为 PQ 节点，保持恒定的输出有功、无功功率。可以看到随着发电功率的增大，对应于 G3 的电压无功灵敏度以及参与因子均减小，说明发电功率越大，相应的光伏发电基地的电压对其本身输出无功功率的变化越不灵敏，即本地的电压越稳定。同算例 1 的结论相比，算例 2 的 3 个光伏发电基地的汇集线路长度一致，因而发电功率大的光伏发电基地对应的线路压降越大，因此 G3 出口处的电压高于 G1、G2，相应的 G3 的电压灵敏度最小，其次是 G2，电压灵敏度最大的是 G1。

通过研究发电功率对新能源场站无功电压特性影响可以看出：发电功率大小与新能源场站极限点的电压稳定程度成反比，即发电功率越大（小），新能源场站的电压稳定性越强（弱）。

（3）算例 3：无功补偿容量对无功电压特性的影响。以图 4-1 所示模型为基础，此时 G1～G3 出口处的无功补偿容量均按额定容量（即 100MW）来补偿，分别为 0.25p.u.、0.30p.u.、0.35p.u.，相应的发电功率均为 0.45p.u.，3 个发电基地的汇集距离保持一致，G1～G3 出口处无功补偿容量对无功电压特性的影响见表4-4。

由表 4-4 中可以看到，初始运行状态下，各发电基地输出无功功率均在无功输出极限之间，在潮流计算中表现为 PV 节点，而在极限运行状态下，各发电基地输出有功、无功功率均达到了发电上限，在潮流计算中表现为 PQ 节点。随着 G1 到 G3 无功补偿容量的增大，各发电节点的灵敏度和参与因子相应减小。同算例 2 类似，算例 3 线路上传输的无功功率增大导致线路压降增大，从而较大无功补偿配置容量的 G3

表 4 - 4　　　　　　　**G1～G3 出口处无功补偿容量对无功电压特性的影响**　　　　　　单位：p. u.

项目		初始运行状态				极限运行状态			
		功率	电压	dU/dQ	P_{ki}	功率	电压	dU/dQ	P_{ki}
光伏发电基地名	G1	0.45－j0.15	1.0000	—	—	0.45＋j0.25	0.55082	0.114305	0.117536
	G2	0.45－j0.10	1.0000	—	—	0.45＋j0.30	0.55180	0.114105	0.116839
	G3	0.45－j0.15	1.0000	—	—	0.45＋j0.35	0.55278	0.113908	0.116150
无功补偿		0.00＋j1.440	0.9998	—	—	0.00＋j1.440	0.54257	0.115994	0.121864
负荷		1.00＋j1.000	0.9998	—	—	6.87＋j6.871	0.57247		

端口电压在系统运行到极限点处时表现为最高，相应的电压灵敏度以及极限运行点下的参与因子最小。

通过研究无功补偿容量对新能源场站无功电压特性的影响可以看出：无功补偿容量大小与新能源场站极限点的电压稳定薄弱程度成反比，即无功补偿容量越大（小），新能源场站电压稳定性越强（弱）。

（4）算例 4：对比汇集线路长度、发电功率以及无功补偿容量对无功电压特性的影响程度。上述 3 个算例分别研究了辐射式功率汇集拓扑中汇集线路距离、发电功率和无功补偿容量 3 个影响因素对新能源场站无功电压特性的影响。但在实际系统中，这些不同影响因素往往同时存在，所以亟需对比 3 种影响因素对于无功电压特性的影响大小以确定其中影响最大的因素。当然，对 3 种影响因素的研究都应放在参数合适的范围内。

对青海省部分辐射式拓扑结构进行调研，可得出以下结论：辐射式拓扑结构中各个光伏发电基地至汇集母线处的汇集线路长度在 2.7～8.5km 范围内，各个光伏发电基地的发电容量范围为 0.3～0.9p. u.，对应的额定容量范围有 50MW 和 100MW，光伏发电基地接近于额定运行状态。光伏发电基地出口处的无功补偿容量占比为 25％～35％。因此，根据上述参数范围，设计了算例 4 来对比 3 个因素的影响大小，具体见表 4 - 5。

表 4 - 5　　　　　**对比 4 个光伏发电基地在不同汇集线路长度、发电功率**
以及无功补偿容量的影响

光伏发电基地名	算例 4		
	线路长度/km	发电功率/MW	无功补偿容量/%
G1	4.5	45	25
G2	4.5	49.5	25
G3	4.95	45	25
G4	4.5	45	27.5

以 G1 的线路参数、发电功率以及无功补偿容量为基准，相应地变化 G2～G4 的各个参数。其中，G2 在 G1 的基础上改变了 10% 的发电功率，G3 在 G1 的基础上改变 10% 的汇集线路长度，G4 在 G1 的基础上改变了 10% 的无功补偿容量，具体见表 4-6。

表 4-6　　　　　　　　对比 3 个不同的影响因素下 G1～G4 的无功电压特性　　　　　　单位：p. u.

项目		初始运行状态				极限运行状态			
		功率	电压	dU/dQ	P_{ki}	功率	电压	dU/dQ	P_{ki}
光伏发电基地名	G1	$0.45-j0.140$	1.0000	—	—	$0.45+j0.25$	0.55554	0.114411	0.117708
	G2	$0.495-j0.156$	1.0000	—	—	$0.495+j0.25$	0.55585	0.114352	0.117666
	G3	$0.45-j0.142$	1.0000	—	—	$0.45+j0.25$	0.55634	0.114250	0.117293
	G4	$0.45-j0.124$	1.0000	—	—	$0.45+j0.275$	0.55667	0.114183	0.116934
无功补偿		$0.00+j1.440$	0.9997			$0.00+j1.440$	0.54736	0.116134	0.122224
负荷		$1.00+j1.000$	0.9997			$6.92+j6.928$	0.57441		

由表 4-6 可以看到，相对于 G1 光伏发电基地来说，增大汇集线路长度、增加发电功率、增大无功补偿容量，都会降低灵敏度以及参与因子。纵向对比汇集线路长度、发电功率、无功补偿容量带来的灵敏度以及参与因子的变化可以发现，无功补偿容量的影响最大，其次是汇集线路长度，最后是发电功率。即同百分比变化的情况下，无功补偿的电压稳定效果要好于其他两种情况。

通过研究 3 种因素对新能源场站无功电压特性的影响可以看出：无功补偿容量对新能源场站极限点的电压稳定薄弱程度影响最大，汇集线路长度其次，发电功率的影响相对最小。

2. 链式功率汇集拓扑无功电压特性分析

不同于辐射式拓扑中的各个光伏发电基地与汇集站所形成的并联关系，链式拓扑结构中各个光伏发电基地通过输电线路依次级联至汇集母线。在这种典型拓扑下，系统的电压薄弱点只可能出现在链式拓扑的首端或末端。因此，这里首先讨论链式拓扑结构下系统电压薄弱点出现的位置。

考虑各个光伏发电基地的输出有功功率以及无功补偿容量一致，系统采用负荷初始状态下的有功、无功功率等功率增长的过渡运行方式，光伏发电基地在连续潮流下考虑由 PV 节点转化为 PQ 节点，即光伏发电基地在负荷增长过程中不承担有功功率，仅依据无功补偿的容量水平来对系统提供无功功率。负荷需求的额外的无功功率和增长的有功功率，以及线路上损耗的有功、无功功率均由作为平衡节点的无穷大电网提供。简单链式系统拓扑图如图 4-2 所示。

从静态电压稳定角度综合对比，稳态下大型风电/光伏发电基地对链式结构的功率汇集系统需要在近端且发电功率较小的发电单元处增设无功补偿容量，以提高系统的静态电压稳定性。本节得出的结论可在一定程度上作为稳态下大型风电场/光伏发

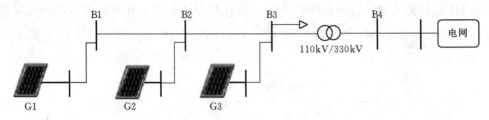

图 4-2　简单链式系统拓扑图

电基地对功率汇集系统需求的理论支撑。

3. 混合式功率汇集拓扑无功电压特性分析

混合式功率汇集拓扑是辐射式功率拓扑和链式功率汇集拓扑的综合。在实际系统中是最常出现的一种功率汇集拓扑形式。混合式功率汇集拓扑中，可能同时出现辐射式和链式功率汇集拓扑，或是相互结合，其无功电压特性难以仅使用辐射式和链式功率汇集拓扑的特性进行总结，需要对典型的具体系统开展进一步分析，以归纳混合式功率汇集拓扑的无功电压特性。

为了使分析更具针对性，本节在外部系统中依然使用了研究辐射式功率汇集拓扑时的验证系统。而在多个光伏发电基地中则利用了混合式功率汇集拓扑对其进行连接，以模拟真实系统中混合式功率汇集拓扑的实际情况。

为进行混合式功率汇集拓扑研究，在 PSASP 仿真环境中搭建对应的测试系统，其拓扑如图 4-3 所示。图中 G1～G6 为 6 个光伏发电基地，两两节点间的线路距离均为 4.5km，G1～G6 的发电容量相同均为 0.45p.u.，各发电基地的无功补偿容量均为 0.25p.u.。B7 为辐射式拓扑汇集母线，B7 与 B10 之间为 110kV/330kV 变压器，将 750kV 变电站外部的电网等值为一个平衡机 G10，其他发电机与负荷均按照青海电网实际系统简化而成。为保证系统电压水平运行在合理范围内，光伏发电基地通常会根据规划要求配置相应比例的无功补偿设备，如 STATCOM 等。本节中各发电基地内的无功补偿装置按照 25% 的额定容量配置。

混合式功率汇集拓扑中，各光伏发电基地设置了相同的发电功率与无功补偿容量，这样可以更单纯地研究混合式功率汇集拓扑形式对无功电压特性的影响。初始情况下，各光伏汇集基地输出功率恒定且配置相当比例的无功补偿装置，因此将其考虑为 PV 节点；汇集母线处无功补偿装置为 PV 节点，输出有功功率为 0；负荷节点为恒功率 PQ 节点；无穷大电网为平衡节点。系统运行过渡方式设置为负荷按初始潮流恒功率因素等比例增大。

在混合式功率汇集拓扑的内部，如果在某一局部出现单纯的辐射式功率汇集拓扑或链式功率汇集拓扑，前两节针对辐射式和链式功率汇集拓扑所得出的结论依然适用。但如果各光伏发电基地间有着比较复杂的功率连接方式且难以区分时，则需要考

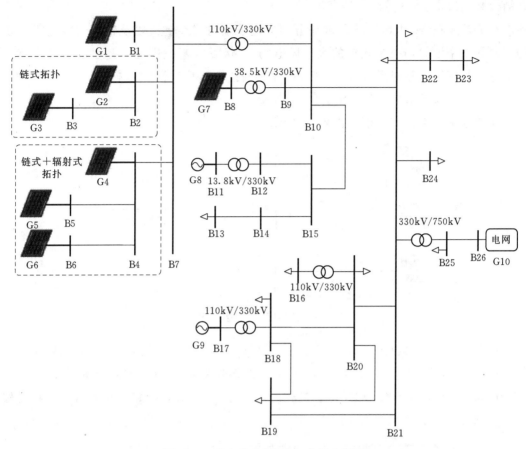

图 4-3 混合式功率汇集拓扑研究模型

虑对比运行中光伏发电基地与功率汇集母线间的电压降落的大小，这主要与线路的长度以及光伏发电基地的容量（即流过线路功率的大小）相关。因为光伏发电基地往往配置相同比例的无功补偿装置，所以从线路的距离以及光伏发电基地的容量往往就可以对系统中的电压薄弱节点有比较准确的判断。根据上述原则，基本可以判断各光伏发电基地静态无功功率的稳定程度。但如果相关影响因素比较复杂，难以比较时，则需要对其进行建模，通过仿真软件进行进一步分析。

4.1.3 风电/光伏发电功率汇集拓扑对暂态响应特性的影响

交流系统发生故障时，系统内各节点会发生不同程度的电压跌落，连接于各节点的风电场/光伏发电基地随之响应电压跌落而调节自身功率的输出。规模化风电场/光伏发电基地的有功、无功输出会显著改变系统内有功、无功动态潮流，从而影响系统电压动态特性。另外，不同汇集拓扑形式对故障下各节点电压的特性也有明显影响。因此，风电/光伏发电并网系统电压暂态特性由风电/光伏发电暂态功率特性和汇集拓扑结构共同决定。

本节首先在 Matlab/Simulink 中分别搭建了辐射式、链式以及辐射式和链式混联等不同的功率汇集拓扑模式下的大型风电场/光伏发电基地模型，并通过仿真研究了汇集线路长度等参数对风电场/光伏发电基地暂态电压稳定性的影响。

1. 辐射式功率汇集拓扑特性分析

简单辐射式系统拓扑图如图 4-4 所示。

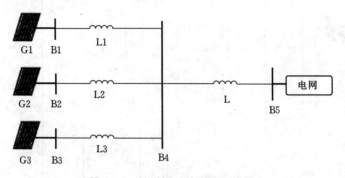

图 4-4　简单辐射式系统拓扑图

以图 4-4 所示模型为基础，光伏发电基地 G1～G3 至汇集母线 B4 的汇集线路采用的线路类型为 LGJ-240-2.5，相应的线路长度依次成比例，分别为 2.25km、22.5km、45km。G1～G3 的发电容量相同，均为 0.3p.u.。线路 L 中点发生三相对称经电抗接地故障。仿真结果如图 4-5 所示。

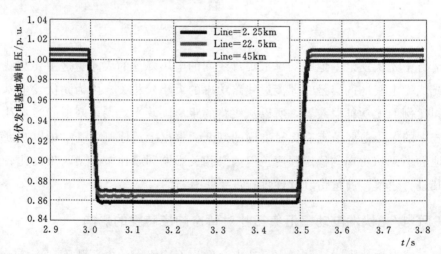

图 4-5　不同汇集线路长度下光伏发电基地端电压动态

从图 4-4 可以看到，不同汇集线路长度下，故障前光伏发电基地端电压稳态值不同。由于汇集线路越长，线路上电压降越大，则故障前光伏发电基地端电压稳态值越大。不同汇集线路长度下，光伏发电基地故障前工作点不同，因此为了有一个统一

的标准，后面的分析统一以光伏发电基地端电压跌落百分比来衡量不同汇集线路长度的影响。其中

$$光伏电站端电压跌落百分比 = \frac{故障前稳态值 - 当前电压值}{故障前稳态值} \times 100\%$$

将图 4-5 所示按上述方式处理后，得到图 4-6。

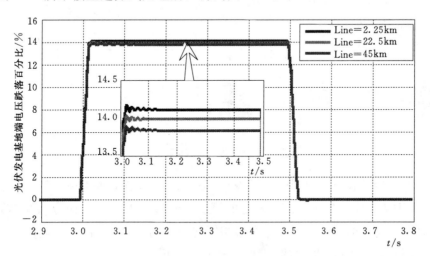

图 4-6　不同汇集线路长度下光伏发电基地端电压跌落百分比

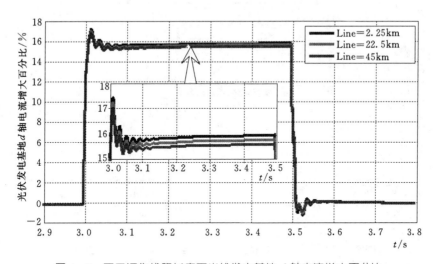

图 4-7　不同汇集线路长度下光伏发电基地 d 轴电流增大百分比

从图 4-7 可以看出，汇集线路越短（长），故障期间光伏发电基地端电压跌落百分比越大（小），其原因也可以从功率和状态的关系来进行解释。故障发生时，光伏发电基地输出有功功率降低；且汇集线路长度越短，光伏发电基地输出有功功率降低得越多。有功功率的降低导致光伏发电基地等效逆变器直流母线上的功率不平衡，直流母线电压上升；且不平衡功率越大，电压上升越多。上升的直流母线电压使得光伏

发电基地 d 轴电流增大；且汇集线路长度越短，光伏发电基地 d 轴电流增大越多。当光伏发电基地 d 轴电流增大时，其内电势矢量幅值也增大，导致光伏发电基地端电压增大。

2. 链式功率汇集拓扑特性分析

简单链式系统拓扑图如图 4-8 所示。

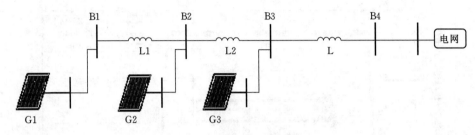

图 4-8　简单链式系统拓扑图

以图 4-8 所示模型为基础，光伏发电基地 G1、G2 至汇集母线 B3 的汇集线路采用的线路类型为 LGJ-240-2.5，相应的线路长度均为 22.5km，光伏发电基地 G3 接在汇集母线 B3 处。G1～G3 的发电容量相同均为 0.3p.u.。线路 L 中点发生三相对称经电抗接地故障。仿真结果如图 4-9 和图 4-10 所示。

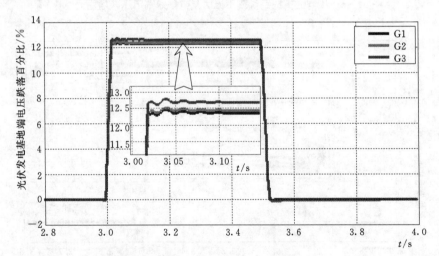

图 4-9　链式功率汇集拓扑下光伏发电基地端电压跌落百分比

链式拓扑下，由于各个光伏发电基地通过输电线路依次级联至汇集母线 B3，系统的电压薄弱点只可能出现在链式拓扑的首端（G1）或者末端（G3）。从图 5-10 可以看出，距离汇集母线 B3 越近（远），故障期间光伏发电基地端电压跌落百分比越大（小），其原因也可以从功率和状态的关系来进行解释。故障发生时，光伏发电基地输出有功功率降低；且距离汇集母线越近，光伏发电基地输出有功功率降低得越多。有功功率的降低导致光伏发电基地等效逆变器直流母线上的功率不平衡，直流母

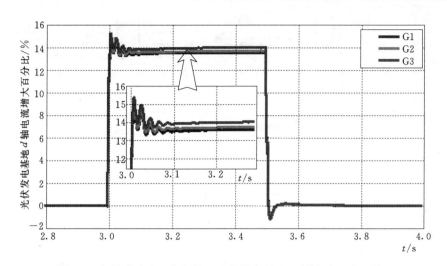

图 4-10　链式功率汇集拓扑下光伏发电基地 d 轴电流增大百分比

线电压上升；且不平衡功率越大，电压上升越多。上升的直流母线电压使得光伏发电基地 d 轴电流增大；且距离汇集母线越近，光伏发电基地 d 轴电流增大越多。当光伏发电基地 d 轴电流增大时，其内电势矢量幅值也增大，导致光伏发电基地端电压增大。

分别增大 L1/L2 线路长度至 27km，观察电压薄弱点 G3 的暂态电压响应，研究不同线路长度对暂态电压稳定性的影响。仿真结果如图 4-11 和图 4-12 所示。

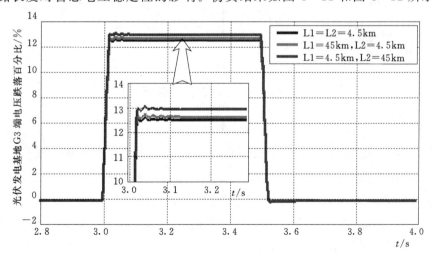

图 4-11　不同汇集线路长度下光伏发电基地 G3 端电压跌落百分比

从图 4-12 可以看出，增大汇集线路长度时，故障期间光伏发电基地端电压跌落百分比增大；且距离汇集母线越近（远），汇集线路长度对系统暂态电压的稳定性影响越大（小）。这是由于汇集线路长度的增大会导致线路上的损耗加剧，减弱各光伏发电基地对汇集母线的电压支撑能力，从而降低系统暂态电压稳定性。

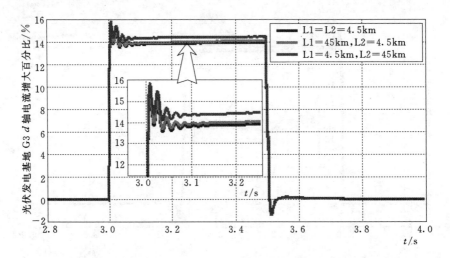

图4-12　不同汇集线路长度下光伏发电基地 G3 d 轴电流增大百分比

3. 混联功率汇集拓扑特性分析

简单混联系统拓扑图如图 4-13 所示。

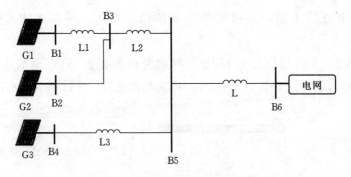

图4-13　简单混联系统拓扑图

以图 4-13 所示模型为基础，光伏发电基地 G1、G2 通过链式功率汇集方式接入汇集母线 B5 处，光伏发电基地 G3 直接通过汇集线路 L3 接入汇集母线 B5 处。光伏发电基地 G3 和光伏发电基地 G1、G2 一起构成的链式拓扑可看成分别通过辐射式接入汇集母线 B5 处。汇集线路 L1-L3 采用的线路类型都为 LGJ-240-2.5，相应的线路长度均为 22.5km。G1～G3 的发电容量相同，均为 0.3p. u.。线路 L 中点发生三相对称经电抗接地故障。仿真结果如图 4-14 和图 4-15 所示。

混联式拓扑下，光伏发电基地 G1、G2 通过链式功率汇集方式相连。光伏发电基地 G2 距离汇集母线 B3 更近，因此暂态电压稳定性更差。光伏发电基地 G2、G3 距离汇集母线 B5 距离相同，由图 4-14 可知，故障期间 G3 端电压跌落更多，即暂态电压稳定性更差，其原因可以从功率和状态的关系来进行解释。故障发生时，光伏发电基地输出的有功功率降低，导致光伏发电基地等效逆变器直流母线上功率不平衡，直流

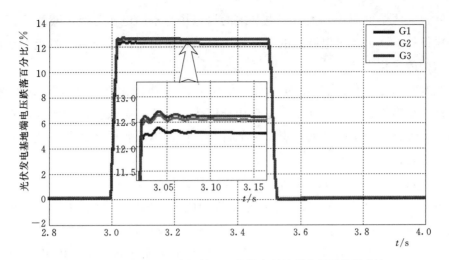

图 4-14   混联功率汇集拓扑下光伏发电基地端电压跌落百分比

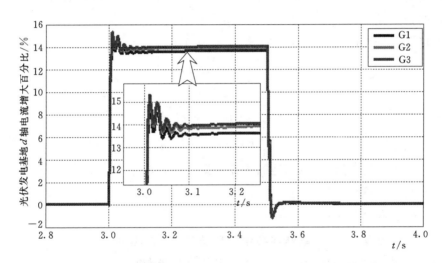

图 4-15   混联功率汇集拓扑下光伏发电基地 d 轴电流增大百分比

母线电压上升，光伏发电基地 d 轴电流增大。当光伏发电基地 d 轴电流增大时，其内电势矢量幅值也增大，导致光伏发电基地端电压增大。光伏发电基地 G2 在汇入汇集母线 B5 的过程中，光伏发电基地 G1 也在母线 B3 处提供了一定的电压支撑作用，因此虽然光伏发电基地 G2、G3 距离汇集母线 B5 距离相同，但是 G2 支路故障期间端电压跌落更少，d 轴电流上升更少，暂态电压稳定性更强。

4.1.4   风力发电/光伏发电功率汇集拓扑优化设计

风力发电/光伏发电设备、配套箱变、汇集电缆、变电站等共同构成了大型风电场/光伏发电基地的功率汇集系统。功率汇集系统将众多单个的风电场/光伏发电基地发出的电能汇集起来并送入电网。大型风电场/光伏发电基地功率汇集系统拓扑优化设计主要包括两个方面：①大型风电基地的风电场与不同电压等级汇集站之间拓扑结构的优化设计；②大型风电基地的风电场内部风电机组之间以及风电机组与变电站之间拓扑结构的优化设计。

由于大型风电场/光伏发电基地功率汇集系统拓扑优化设计涉及很多参数变量，因此它是一个多维组合优化问题，适合用智能优化算法来解决。而遗传算法在解决离散多维变量优化问题上被证明具有特别的优势，因此本项目采用遗传算法对功率汇集系统进行优化设计。

1. 风电场/光伏发电基地内部功率汇集系统的优化设计数学模型

风电场/光伏发电基地内部功率汇集系统的成本与风电场/光伏发电基地的容量有关，风电场/光伏发电基地容量及其地理位置决定了风电机组/光伏发电单元的数目和位置分布、中心变电站的数量。风电机组/光伏发电单元之间、风电机组/光伏发电单元与中心变电站之间、中心变电站之间的汇集方式，汇集导线的型号和长度都将影响集电系统的投资成本。

风电场/光伏发电基地内部功率汇集系统的总投资成本 C_{total} 可表示为

$$C_{total} = C_{GT} + C_{CABLE} + C_S$$

$$= \frac{r(1+r)^N}{(1+r)^N} \cdot \frac{100}{100-PR} \cdot C_{inv}$$

$$= K C_{inv} \tag{4-1}$$

式中　N——风电场/光伏发电基地的生命周期；

　　　r——利率；

　　PR——利润百分比；

　　C_{inv}——风电场/光伏发电基地功率汇集系统必要的投资；

　　C_{GT}——风电机组/光伏发电单元配套升压变压器的成本；

C_{CABLE}——汇集导线的成本；

　　　C_S——变电站的成本。

因此风电场/光伏发电基地内部集电系统优化问题可以进一步描述为

$$\min[C_{total}]$$

$$= \min\left[K\left(\sum_{j=1}^{N_S}\sum_{i=1}^{N_{Fi}}C(F_{j,i}) + \sum_{j=1}^{N_S}C_{Sj} + C_{GT}\right)\right] \tag{4-2}$$

式中　N_S——中心变电站的数目；

　　N_{Fi}——第 j 座中心变电站的馈线数目（即与中心变电站相连接的串数）；

　$C(F_{j,i})$——第 j 座中心变电站第 i 段馈线的成本；

　　C_{Sj}——第 j 座中心变电站的成本。

约束条件为

$$I_{Lm} \leqslant I_{rated(type)}$$

$$\boldsymbol{X}_i \bigcap_{\substack{i,j \in X \\ i \neq j}} \boldsymbol{X}_j = \varnothing$$

$$\boldsymbol{X}_i \bigcup_{\substack{i,j \in \boldsymbol{X} \\ i \neq j}} \boldsymbol{X}_j = \boldsymbol{X} \qquad (4-3)$$

式中　I_{Lm}——$F_{j,i}$ 段馈线中第 m 小段正常运行时的额定电流；

　　　　$I_{rated(type)}$——该类型导线电流的额定值；

　　　　$\boldsymbol{X}$——变电站和光伏发电单元抽象点的集合。

　　其中，第 m 小段汇集导线的额定电流值由导线型号决定，汇集导线选择主要有三种方式：①按照电缆额定电流选择导线；②按照经济电流密度选择导线；③按照短路热稳定极限选择导线。

　　经济电流密度是指年运行费用最低时所对应的电流密度；年运行费用最低时所对应的导线截面积称为经济截面积。若已知经济电流密度 I_j 以及线路持续工作电流 I_q，则经济截面积 S_j 为

$$S_j = \frac{I_q}{I_j} \qquad (4-4)$$

　　当电缆通过故障电流时，导体温度不应超过电缆允许的短时温度，或者电缆允许的短路电流应大于系统的最大短路电流，线路应具有足够的热稳定性。导体载流截面积为

$$S = \frac{\sqrt{Q_d}}{C} \qquad (4-5)$$

式中　S——导体载流截面积，mm^2；

　　　　$\sqrt{Q_d}$——短路电流热效应；

　　　　C——与导体材料和发热温度有关的系数。

　　风电机组/光伏发电单元配套升压变压器的成本 C_{GT} 为

$$C_{GT} = N_T C_T \qquad (4-6)$$

式中　N_T——风电机组/光伏发电单元配套升压变压器的数目；

　　　　C_T——配套升压变压器的单价。

　　每一段馈线上所连接的风电机组/光伏发电单元的数目取决于该段导线所能传输的最大容量，因此每一段馈线上不同汇集处根据传输容量的不同可以选择不同截面类型的导线，从而节约汇集导线成本，如图 4-16 所示。

　　由此可得汇集导线成本 C_{CABLE} 为

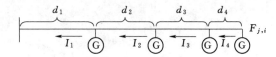

图 4 - 16　第 j 座变电站第 i 条馈线

$$C(F_{j,i}) = \sum_{m=1}^{NF_{(j,i)}} C_{CB(type)} d_m \qquad (4-7)$$

式中　$C_{CB(type)}$——第 i 条馈线第 m 段导线的单价；

$\qquad d_m$——第 i 条馈线第 m 段导线的长度；

$\qquad NF_{(j,i)}$——第 i 条馈线的分段数。

2. 风电场/光伏发电基地外部功率汇集系统的优化设计数学模型

风电场/光伏发电基地外部主要包括不同电压等级的汇集站，即同一电压等级汇集站之间和不同电压等级汇集站之间的拓扑连接方式。这部分优化设计数学模型主要考虑汇集站投资成本和汇集站之间汇集导线的成本，其数学模型可表示为

$$\min(C_{COST})$$
$$C_{COST} = C_1 + C_2 \qquad (4-8)$$

式中　C_{COST}——外部功率汇集系统的总投资成本；

$\qquad C_1$——汇集站的投资成本；

$\qquad C_2$——汇集导线的成本。

其中，C_1 可表示为

$$C_1 = N p_1 \qquad (4-9)$$

式中　p_1——单个汇集站的成本，由汇集站电压等级决定；

$\qquad N$——该电压等级汇集站的数目。

C_2 可表示为

$$C_2 = l p \qquad (4-10)$$

式中　p——汇集导线的单价；

$\qquad l$——汇集导线的长度。

针对该项目的实际情形，此次采用基于改进的单亲遗传算法来进行大型风电场/光伏发电基地的功率汇集系统拓扑优化设计。

传统遗传算法在求解采用序号编码的组合优化问题时会造成个体基因的重复或缺失，而单亲遗传算法的所有遗传操作均在单个个体上进行，因此可以较好地避免该问题且遗传操作过程更加简洁。但是基本单亲遗传算法或简单单亲遗传算法收敛效率低，并且只有采取最优保存策略的选择算子才能保证算法的全局收敛能力。因此本书在此基础上对选择算子和遗传操作进行一些改进，提出一种多精英协同进化单亲遗传算法，以此来进行大型风电场/光伏发电基地功率汇集系统的拓扑结构优化设计。经

过仿真验证可知，该方法寻优效果较好，能较快收敛到最优解。

运用改进多精英协同进化单亲遗传算法对大型风电场/光伏发电基地功率汇集系统进行优化设计的过程如下：

（1）确定编码方式。由于单亲遗传算法在解决序号编码问题时具有一定的优势，并且针对实际情况，很容易对风电机组/光伏发电单元进行顺序编号，因此采用序号编码的方式。染色体 X 代表问题的可行解，即每一串上风电机组或光伏发电单元的连接方式。染色体示例如图 4－17 所示。

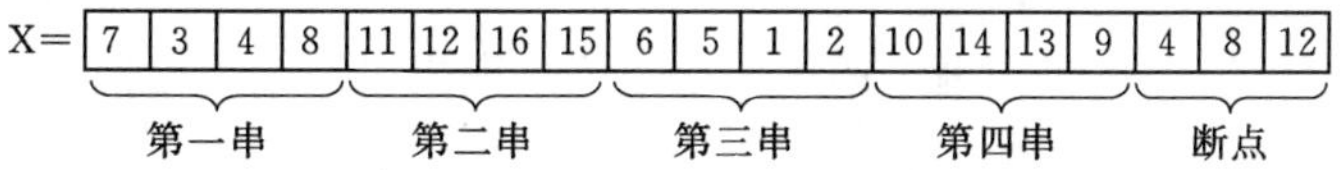

X=
7 3 4 8 11 12 16 15 6 5 1 2 10 14 13 9 4 8 12
第一串
第二串
第三串
第四串
断点

图 4－17　染色体示例

图 4－17 中，自然数代表风电场/光伏发电基地的编号，断点表示每一串上所连风电场/光伏发电基地的数目。汇集系统拓扑如图 4－18 所示。染色体包含每一串上所连风电场/光伏发电基地的数目及其对应编号，每一串首端表示与汇集中心相连。

4
8
12
16
3
7
11
15
2
6
10
14
1
5
9
13
汇集中心
风电场/光伏电站
第一串
第二串
第三串
第四串

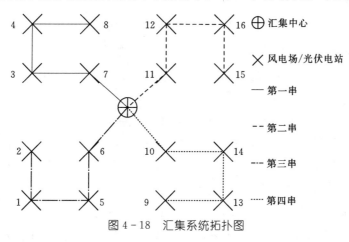

图 4－18　汇集系统拓扑图

（2）初始化种群。随机产生一个包含个体数目为 N 的初始种群 POP_N，其中的每一个个体都表示汇集系统拓扑连接方式的一个可行解。

（3）确定适应度函数。在用单亲遗传算法进行优化求解的过程中，需要对种群个体进行选择，因此必须确定适应度函数。此处选择总的投资成本为适应度函数，也称为目标函数，即

$$fitness=\frac{1}{C_{\text{total}}} \tag{4-11}$$

最终求得的最优解就是经济性最好的功率汇集拓扑结构。

（4）分组遗传操作。将包含 N 个个体的种群分为 M 组形成 M 个子种群，在每个子种群内单独进行选择、遗传操作产生新的后代个体并合并形成新的种群。具体选择、遗传操作如下：

1）选择。计算各个子种群内的各个适应度，并对每个子种群采用确定式采样选择操作，具体操作步骤如下：

a. 计算子种群内各个个体在参与遗传操作的临时父代子种群内期望生产的数目 N_i，即

$$N_i = N'f_i / \sum_{i=1}^{N'} f_i \qquad (4-12)$$

式中　f_i——个体适应度值；

　　　N'——子种群的规模。

b. 各个个体在参与遗传操作的临时父代子种群内的生存数目 N_i 的整数部分表示为 $\lceil N_i \rceil$，由此可确定下一代子种群内的个体数为 $\sum_{i=1}^{N'} \lceil N_i \rceil$。

c. 根据 N_i 的小数部分对子种群内的个体进行降序排列，顺序选择前 $N' - \sum_{i=1}^{N'} \lceil N_i \rceil$ 个个体进入参与遗传操作的临时父代子种群，至此完全确定参与遗传操作的父代个体。

d. 为避免子种群内最优个体在交叉遗传操作中被破坏，在进行交叉操作之前分别保存每个子种群内适应度最优个体 local_best，然后对每个子种群内的父代个体进行交叉操作，产生新一代临时子种群。

2）交叉。对各个参与遗传操作的父代子种群内的个体依次进行单点基因换位、单点基因移位和单点基因倒位操作，从而生成后代子种群。

如前所述，传统父子竞争法虽然能提高算法速度，但并不能保证算法全局收敛；采用最优保存策略虽然能保证算法的全局收敛特性，但是却降低了算法的寻优效率。因此，为了同时保证算法的收敛速度和全局收敛特性，将父代种群与临时种群采用模拟退火算法中的 Meteopolis 原则，以概率 p 接受子种群中的后代个体作为新个体，并将最优个体 local_best 替换后代个体中适应度最差的个体，进而产生新种群，在所有子种群都完成更新操作后形成新一代种群，其中 Meteopolis 选择操作为：

$$p = \begin{cases} 1 & f(x') \geqslant f(x) \\ \exp\left[\dfrac{f(x)-f(x')}{T}\right] & f(x') < f(x) \end{cases} \qquad (4-13)$$

式中　$f(x')$——临时种群中新个体的适应度；

　　　$f(x)$——父代个体的适应度。

当新个体的适应度不小于父代个体的适应度时，完全接受该个体，否则以概率 $\exp\left[\dfrac{f(x)-f(x')}{T}\right]$ 接受该个体。

（5）计算 $T_n = kT_{n-1}$，更新冷却温度 T，判断迭代次数是否大于最大迭代次数，若是则输出最终结果；否则，重新计算新种群中的个体适应度并进行下一次迭代循环，直到迭代次数大于最大迭代次数。

经过上面的分析可以得到采用多精英协同进化单亲遗传算法的功率汇集系统拓扑优化结构流程图如图 4-19 所示。

4.1.5 风电/光伏发电基地功率汇集拓扑可靠性分析

1. 可靠性影响因素

风电场/光伏发电基地的电气设备主要包括风电机组/太阳能电池板、汇集电缆、开关设备和相应的变电站等。作为汇集系统的可靠性分析，主要目的是对规划方案的可靠性指标进行计算，因此只需选择和汇集系统方案相关的元件进行可靠性分析。本书选择相应的出力设备、汇集电缆以及开关设备，其他设备在分析过程中认为完全可靠。虽然风电场/光伏发电基地中的风能和光照具有间歇性，但是在进行汇集系统可靠性分析时，可以认为其按照额定功率出力，可忽略风速和光照强度的影响。

2. 可靠性模型

当忽略变电站、风速或光照强度对功率汇集系统可靠性的影响后，取发电机组、电缆、开关设备为可靠性分析的研究对象。为了简化分析模型并节约计算时间，根据串联系统等效的原则，将所要研究的电气对象分为发电机组和电缆组元件两个等效元件。由于

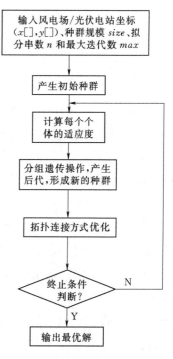

图 4-19 优化结构流程图

发电机组和电缆组元件均是可修复元件，因此，模型由元件故障率 λ 和故障恢复时间 γ 两个参数表征。

以风电机组为例，风电机组电气元件主要由风力发电机、低压接触器、塔筒内电

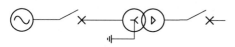

图 4-20 风电场/光伏发电基地功率
汇集系统示意图

缆、出口箱式变压器、中压断路器等设备组成，如图 4-20 所示。

它们共同组成一个等效的风力发电机元件组，只要风力发电机、低压接触器、塔筒内电缆或出口箱式变压器中任意一个元件失效，整台风电机组将失效停运，换句话说，上述元件必须全部正常运行。因此元件组的停运概率可描述为

$$\lambda_{WTG} = \sum_{i=1}^{5} \lambda_i \qquad (4-14)$$

式中　λ_i——图 4 - 20 中第 i 个元件的故障率；

　　　λ_{WTG}——风力发电机组元件的等效故障率。

串联系统两元件的 γ_{WTG} 参数，计算公式为

$$\gamma_{WTG} = \frac{\lambda_1 \gamma_1 + \lambda_2 \gamma_2 + \lambda_1 \gamma_1 \lambda_2 \gamma_2}{\lambda_1 + \lambda_2} \qquad (4-15)$$

式中　λ_1——两元件串联系统第 1 个元件的故障率；

　　　λ_2——两元件串联系统第 2 个元件的故障率；

　　　γ_1——两元件串联系统第 1 个元件的故障恢复时间；

　　　γ_2——两元件串联系统第 2 个元件的故障恢复时间；

　　　γ_{WTG}——两元件串联系统的等效故障恢复时间。

多元件的等效故障恢复时间可由两元件的计算公式反复计算来得到。

由于中压断路器的隔离作用，风电机组停运将不影响其他与之相连的风电机组运行，即任意单台风电机组可单独退出运行。

3. 可靠性指标

如前所述，功率汇集系统可靠性分析的目的是对满足一定经济性要求的功率汇集系统电气规划方案进行可靠性检验，以寻求经济性好、可靠性高的规划设计方案。因此需要选取与风电场/光伏发电基地运行性能相关的指标，也就是考察风电场/光伏发电基地的出力能力。对已形成的功率汇集系统拓扑方案进行可靠性分析，针对风能和光照特性以及电气设备故障的影响，选取以下可靠性指标对汇集系统拓扑进行可靠性分析。

(1) 等效容量指标 S_{EQ}（MW）指标。该指标是计算大型风电场/光伏发电基地的年平均出力，即将整个风电场或光伏电站看成一台大容量的等效机组，考察其平均出力水平，时间为 8760h，等效容量计算公式为

$$S_{EQ} = \frac{\int_0^n P(t)\mathrm{d}t}{n} \qquad (4-16)$$

式中　t——时间，此处为整数，h；

　　　n——风电场/光伏发电基地数；

　　$P(t)$——风电场/光伏发电基地仿真次数中第 t 小时的平均可用容量。

(2) 期望故障受阻容量 S_{WASTE}（MW）指标。该指标为等效容量 S_{EQ} 与风电场/光伏发电基地额定容量的差值，该指标越小越好其计算公式为

$$S_{\text{WASTE}} = nP_{\text{N}} - S_{\text{EQ}} \qquad (4-17)$$

式中　P_{N}——单个风电场/光伏发电基地额定功率。

（3）期望故障受阻容量百分数 R_{WASTE}（％）指标。该指标用来衡量受阻容量的相对大小，该指标越小越好。其计算公式为

$$R_{\text{WASTE}} = \frac{S_{\text{WASTE}}}{nP_{\text{N}}} \times 100\% \qquad (4-18)$$

根据可靠性分析模型的建立、可靠性指标的定义，可以对风电场/光伏发电基地汇集系统进行可靠性分析。采用蒙特卡洛法的可靠性分析流程图如图 4-21 所示。

4. 功率汇集系统评估指标

目前针对功率集电系统的优化设计，无论是风电还是光伏发电，均分别以经济性指标或者可靠性指标为目标函数进行优化。但采用这样的方法只能设计出经济性最优或可靠性较高的汇集方案。

本书将综合经济性指标和可靠性指标，以设计出既经济又可靠的汇集方案。

（1）以单位发电容量投资成本 C 作为功率汇集系统拓扑的评估指标，该指标越小表示发出单位容量电量时所需的投资成本较小。其计算公式为

$$C = C_{\text{cost}} / S_{\text{EQ}} \qquad (4-19)$$

（2）对经济性指标和可靠性指标予以不同的权重分配，根据权重的不同，可灵活地选择出经济性最优且可靠性高的汇集方案，以两者加权之和最小作为确定最终功率汇集系统拓扑的评估指标。由此得到的功率汇集系统评估指标表达式为

$$OBJ = \lambda_1 C_{\text{cost}} + \lambda_2 R \qquad (4-20)$$

式中　C_{cost}——功率汇集系统的经济性指标；

　　　R——功率汇集系统的可靠性指标；

λ_1、λ_2——经济性指标和可靠性指标的权重。

整个功率汇集系统拓扑优化设计流程如图 4-22 所示。

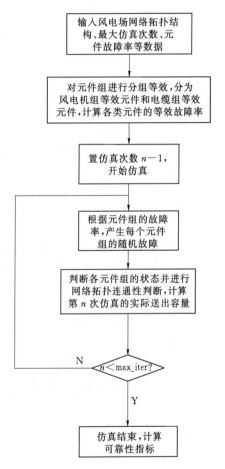

图 4-21　可靠性分析流程图

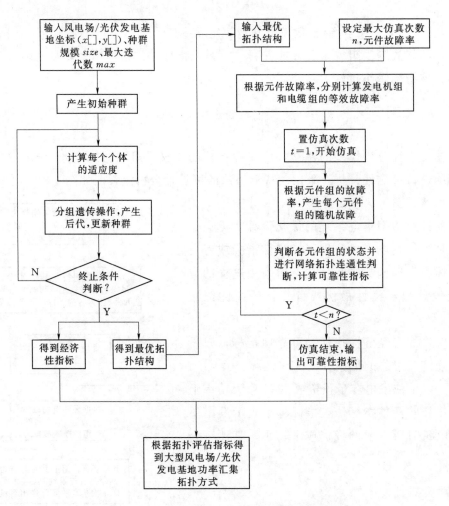

图 4-22　功率汇集系统拓扑优化设计流程图

4.2　清洁能源并网布局优化技术

在清洁能源快速发展的形势下，如何经济合理地选择清洁能源的厂址及容量以便更好地促进清洁能源的消纳，不仅关系到清洁能源电厂自身的安全性和经济性，更关系到清洁能源电厂将来的市场竞争能力和可持续发展问题。不合理的厂址与容量选择，将会增加企业的发电成本，对电网安全产生不利影响，且会降低清洁能源电厂的竞争力，影响能源的合理利用，给社会和环境造成无法估量的潜在影响。本节提出适应中长期发展的多元清洁能源容量协同规划模型，最后总结提出清洁能源多点布局设计与规划方案评价方法。

4.2.1　清洁能源广域互补优化选址

风光互补发电项目受自然环境影响巨大，从可持续发展的角度来说其选址决策至关重要。首先，风光互补发电项目的选址决策与成本密切相关，对项目的成败起决定性的作用。其次，不利的选址决策可能会对项目正常运营期间的安全和收益产生负面影响，可能会阻碍风光互补发电项目的推广应用。最后，若风光互补发电项目选址不能满足环境方面的要求，可能不但不能起到保护环境的作用，反而会对环境造成危害，结果适得其反。清洁能源选址需综合考虑资源、经济、电网、交通、地质等多方面因素，包括前期规划阶段的宏观选址和施工图阶段的微观选址两个阶段。随着清洁能源开发建设的增加，场址类型越来越多，也越来越复杂。以风力发电为例，在选取风电场场址时除了要关心发电量之外，还要关心风电机组能否安全可靠运行。在风电场的气候条件中，风速分布、风剪切、入流角和湍流强度是影响风电机组安全可靠运行的重要指标。掌握风电场，尤其是复杂地形区域风电场的风能分布、湍流强度和入流角特征对风电场的微观选址至关重要，而这些因素受地形复杂程度的影响很大。

目前，对清洁能源的选址研究主要是考虑能源资源的地理分布特点，如风速、太阳辐照度，而对清洁能源广域互补特性和网架可用传输容量约束考虑不够深入。因此，有必要综合考虑能源的分布特点和网架可用传输容量，充分利用广域清洁能源的互补优势，研究更具经济效益的多元清洁能源优化选址设计原则与方法。

4.2.1.1　风能和太阳能发电选址指标

风光互补发电项目的发展势头良好，世界各地越来越多的风光互补发电项目正处于建设和筹划阶段。除了风光互补发电项目的技术本身之外，风光互补发电项目合理的选址决策对其发电效率的影响也至关重要。风光互补发电项目选址决策的不合理会直接造成项目发电量的损失以及维修费用的增加，整体效益和运行寿命的降低，并且还有可能会对周围的环境造成不良影响。因此，风光互补发电项目的选址已经成为风光互补发电项目长远发展和科学发展亟待解决的一个重要课题。目前对于风能和太阳能发电的选址指标大致可以分为自然资源因素、经济因素、技术因素、交通因素、地理因素、社会因素和环境因素等七个方面。为了便于指标的分析，本书按照这七个方面对指标进行了归类，见表4-7，用于确定风能和太阳能发电选址的指标体系，为网架输电容量约束下风光互补发电项目选址指标体系的建立奠定基础。

表4-7　　　　　　　　　风能和太阳能选址指标归类

一级指标	二　级　指　标
自然资源	年平均风速、风功率密度、太阳辐射总量、风能资源条件、风能可利用时间、湍流强度、平均温度、极端气候、光照时间、散射率、等量光照时间、阳光稳定率
经济因素	建设成本、运营维护成本、投资回收期、净利润率、经济外部性、商业可用性

续表

一级指标	二 级 指 标
技术因素	到输电线路的距离、电力需求、到负荷中心的距离、到变电站的距离、容量系数、网络损耗
交通因素	交通便捷性
地理因素	地质地形条件、坡度、区域稳定性、海拔、朝向、用地规模
社会因素	区域经济发展水平、公众接受度、到城市/农村的距离、政府政策、到旅游区的距离、人口密度
环境因素	对生态环境影响、污染物减排效益、能源节约收益、土地使用量、噪声污染、地磁辐射影响

4.2.1.2 网架输电容量对清洁能源选址影响分析

随着电力系统的发展，电网规模变得越来越大，区域电网开始互联以优化资源配置并提供相互支援，这要求区域电网具有灵活的输电通道和充裕的输电容量，以保证电力有效传输，满足不同运行场景下互联电网间的功率传输要求。

我国大规模清洁能源发电基地所处地区的输电系统大多比较薄弱，对外电气连接比较差。为了充分利用清洁能源资源，提高清洁能源的消纳能力，需要进一步强化和优化清洁能源发电接入系统的网络结构。

（1）不同地区的清洁能源电厂出力存在互补性。清洁能源电厂分布范围越大，清洁能源互补出力的总体波动性越小。

（2）坚强的输电系统结构可以扩大清洁能源发电平衡区域范围，不同地区负荷峰谷的时间差可以减少清洁能源出力波动性对系统的影响。

（3）清洁能源的进一步发展，客观上也需要扩大清洁能源消纳范围。输电系统规模越大，清洁能源发电容量所占的比例越小，清洁能源对系统的不利影响越小。

我国风能资源主要分布在"三北"及东南沿海地区，太阳能资源主要分布在西部地区，这些地区的电力系统规模普遍较小、网架薄弱且负荷水平较低。因此，我国的风电、光伏发电就地消纳能力有限，需要接入高压电网大规模、远距离外送，跨省消纳。电网输送能力不足将会导致大规模弃风、弃光，从而影响清洁能源电源并网的低碳效益。跨省区的电网输送能力不足是制约我国清洁能源电源消纳能力的主要因素之一。因此在进行清洁能源选址布局时，需要考虑选址区域的网架输电容量对清洁能源消纳能力的约束。在进行清洁能源优化选址设计时，应把清洁能源弃电率和网架输电能力作为评价指标纳入清洁能源互补发电项目选址评价指标体系中。

4.2.1.3 清洁能源互补发电项目的选址原则和建立流程

不合理的清洁能源选址可能带来巨大损失，包括发电机组的年发电量低于预期较多、弃风和弃光现象严重、运行维护费用大幅增加等问题，同时还可能对电力系统的安全稳定运行造成严重影响。清洁能源电厂选址问题已经引起了人们的广泛重视。清洁能源资源的状况决定了清洁能源电厂项目的经济效益，大部分研究都以清洁能源资源评价作为清洁能源电厂选址最重要的参考依据。除清洁能源资源评估之外，清洁能源电厂选址方案受众多因素的影响，这意味着清洁能源选址属于复杂的、涉及范围广的综合评价问题，评价过程中遇到的各项问题具有不同的特点。

（1）评价过程中的影响因素众多，各主要影响因素有些可以进行定量分析，有些只能进行定性分析；即便能够进行定量分析，也存在数据收集和理论计算上的困难，需要耗费大量人力物力。

（2）风能资源状况是众多影响因素的核心，地区风能资源条件是开展风电场建设的重要前提，多数风电场选址研究的核心是探索风能评估的模型和方法。

（3）其他建设环境对风电场选址也具有一定的影响，例如交通状况、地形地貌特征、土地利用条件、环境评估等，以上因素在特定地区和时间节点可能上升至极其重要的地位。但仅就一般情况进行分析时，上述各项均可暂时忽略，或仅作简单的定性分析。

（4）经过长期的研究，至今仍然没有能够完美概括所有影响因素，适应不同地区的综合风电场选址评价方案。这是风电本身的复杂特性所决定的，因此只能依据现实情况，设计能够满足精度要求同时计算量可控的综合评价方案。

经过以上讨论分析，清洁能源互补发电项目选址的核心内容是构建风光互补发电项目选址指标体系，应遵循以下原则：

（1）全面性。指标体系应对风光互补发电项目选址的所有影响因素进行考量，从各个方面对其进行描述。同时，不同地区、不同气候类型，影响项目选址的因素各不相同，因此，也应考虑到选址的特殊性，实现全面评价。

（2）特定性。指标体系是为决策活动服务的，不同的决策目的所建立的指标体系千差万别，同一个决策目的，侧重点不同，所建立的指标体系也不相同。因此，建立指标体系时，应首先明确决策目的，有针对性地对指标进行筛选和整理。本书在考虑风光互补发电项目选址时综合了大型充换电站入网的因素，综合考虑两者对电网和交通的影响，通过合理的选址决策减少损失。

（3）主导性。影响项目选址的指标体系中，有些是主导因素，对决策正确与否影响显著，有些是次要因素，对选址影响很小，因此应在全面性原则的基础上对这些因素进行科学衡量，选出起主导作用的因素，剔除次要因素。如果不加思考而对所有因素全盘接受，势必会造成指标过细过杂，耗费决策者过多的成本和精力。

（4）相关性。指标体系中的指标应是相关的，主要表现在两个方面：一方面是指各个指标应与决策活动的目的相关，为其宗旨服务；二是各个指标之间应相互补充、相互验证，从不同方面对决策对象进行描述，形成一组相互关联的有机整体。

（5）可操作性。指标体系是一个决策活动的框架，应充分考虑到未来针对指标体系展开的数据、信息收集工作的可行性和难度。各个指标的含义应清晰明确，尽量避免产生误解和歧义，影响决策活动的成本和进度。

本书采用文献统计法对传统风能和太阳能发电选址指标进行了统计分析，并基于上述风光互补发电项目选址指标设置原则对指标进行筛选；然后分析网架输电容量和清洁能源互补出力对风光互补发电项目选址的影响，主要表现在网架输电容量对清洁能源消纳产生影响，而清洁能源互补出力会对清洁能源供电质量可靠性产生影响；结合网架输电容量和清洁能源互补出力的影响，根据指标属性一致性和内容相关性对指标进行综合分析、交叉融合，重新建立起一套系统的、考虑网架输电容量约束的风光互补发电项目选址指标体系，见表 4-8。清洁能源互补发电项目选址流程如图 4-23所示。

表 4-8　　　　　　　　　　　　风光互补发电项目优化选址指标体系

一 级 指 标	二 级 指 标
自然资源因素	风速、年有效风速累计小时数、风功率密度、湍流强度、太阳辐射总量、日照时数
经济因素	地区国民生产总值、电力负荷需求量、平均建设成本、平均经营成本
技术因素	到输电线路的距离、网架输电能力、与已投产电源出力互补效应
交通因素	交通便利程度
地理因素	质地形条件
社会因素	当地居民认同度、用地政策
环境因素	污染（光、噪声、气动污染）、节能减排效果

综上，青海风光水储多能互补发电出力特性与受端负荷特性在年内多数月份及日内均存在较好的匹配度。电力外送曲线可以在跟踪受端负荷特性的同时，兼顾送端发电特性。

4.2.2　适应中长期发展的多元清洁能源容量协同规划模型

4.2.2.1　多元清洁能源容量协同规划的总体思路

采用非序贯蒙特卡洛抽样与分层分类聚类方法，建立常规机组可用发电容量场景的思想，考虑网架可扩展约束和清洁能源消纳约束的多元清洁能源容量协同规划的总体思路是：确定水电、核电以及抽水蓄能装机计划以及可靠性水平，改变清洁能源的装机容量，基于含清洁能源的电力系统运行模拟的方法思路，按等可靠性原则，优化火电机组的装机容量，并计算该清洁能源电源装机容量下的系统各项技术经济指标。综合分析不同清洁能源电源装机容量下的各项技术经济指标，即可得出给定水电、核电以及抽水蓄能装机计划以及可靠性水平下的清洁能源电源容量协同规划优化方案。

改变水电、核电以及抽水蓄能的装机计划以及可靠性水平，根据上述思路，可以得到不同的清洁能源电源容量协同规划优化方案。

综合评价不同的清洁能源电源容量协同规划优化方案，即可得出清洁能源电源容

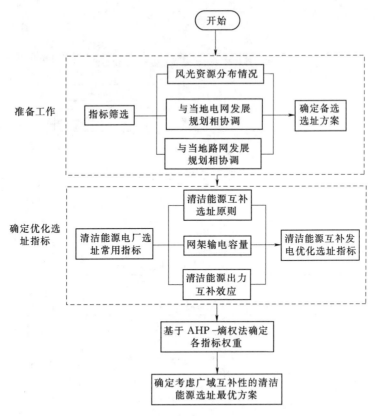

图 4 - 23　网架输电容量约束下多元清洁能源互补的选址指标建立流程

量协同规划推荐方案。

4.2.2.2　多元清洁能源容量协同规划的总体流程

依据上述模型和总体思路，多元清洁能源容量协同规划总体流程的优化流程图如图 4 - 24 所示。

（1）生成系统水平年逐月各日 24h 原始负荷曲线，设置规划系统的可靠性水平。以水平年全年负荷曲线为基础，根据预测的规划年负荷值及负荷电量做相应调整，生成水平年逐月各日 24h 原始负荷曲线，用于系统电力电量平衡及调峰平衡等模拟计算。设置规划系统的可靠性水平 R_0，该可靠性水平可以由电力不足小时期望值 $HLOLE$、电力不足期望值 $LOLE$ 或者电量不足期望值 $EENS$ 来表示，也可以由三者共同表示。

（2）基于电力系统日负荷特性的清洁能源电源日发电出力场景筛选与聚类。以清洁能源历史出力时序记录为基础，将清洁能源日发电场景分为关键场景＋聚类场景，从而综合反映清洁能源的全时空出力特性及其对系统的电力平衡、电量平衡、调峰平衡影响，对风光分别选取进行场景的筛选与聚类，以考虑风光对系统影响差异，得到风电日发电出力场景 P_{wi} 及该场景的概率 p_{wi} 和光伏日发电出力场景 P_{vj} 及该场景的概

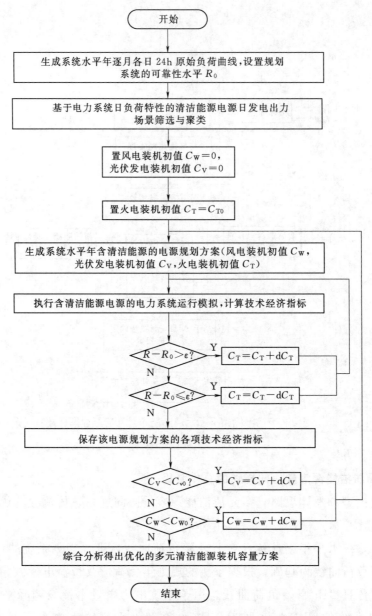

图 4-24 多元清洁能源容量协同规划流程图

率 p_{Vj}，详见 4.2 节。

（3）执行含清洁能源电源的电力系统运行模拟，计算技术经济指标。在充分考虑日负荷特性以及常规机组强迫停运率的基础上，采用非序贯蒙特卡洛抽样与分层分类聚类方法，建立常规机组可用发电容量场景。通过对清洁能源电源日发电场景和系统可用发电容量场景执行运行模拟计算，获得对应场景下系统的各项评价指标；通过对全部场景的系统各项指标进行概率加权计算，获得系统的各项概率性评价指标。

最终得到该方案（风电装机容量 C_W，光伏发电装机容量 C_V，火电装机容量 C_T）的可靠性指标 R 和相关技术经济指标 I，具体技术经济指标详见 4.2.2.3 节。

（4）保存该电源规划方案的各项技术经济指标。得到与清洁能源电源装机容量方案相匹配的火电机组装机方案及其各项技术经济指标 I，并保存该电源规划方案（风电装机容量 C_W，光伏发电装机容量 C_V，火电装机容量 C_T）的各项技术经济指标。

（5）综合分析得出优化的清洁能源电源容量协同规划方案。对所有的清洁能源电源优化方案进行综合评价，即可获得清洁能源容量协同规划推荐方案。

4.2.2.3　多元清洁能源容量协同规划的技术经济指标

本章所考虑的清洁能源电源规划的技术经济指标包括技术、经济以及节能环保三方面的指标。

1. 清洁能源电源规划技术评价指标

（1）水平年系统电力不足小时期望值 $HLOLE$(h/a) 为

$$HLOLE = \sum_{m=1}^{12} HLOLE_m \qquad (4-21)$$

（2）水平年系统电力不足期望值 $LOLE$(d/a) 为

$$LOLE = \sum_{m=1}^{12} LOLE_m \qquad (4-22)$$

（3）水平年系统备用不足期望值 $SSRE$(h/a) 为

$$SSRE = \sum_{m=1}^{12} SSRE_m \qquad (4-23)$$

（4）水平年系统电量不足期望值 $EENS$(MW·h/a) 为

$$EENS = \sum_{m=1}^{12} EENS_m \qquad (4-24)$$

（5）水平年系统调峰不足期望值 $SOPE$(h/a) 为

$$SOPE = \sum_{m=1}^{12} SOPE_m \qquad (4-25)$$

（6）水平年系统调峰不足电量期望值 $EEPU$(MW·h/a) 为

$$EEPU = \sum_{m=1}^{12} EEPU_m \qquad (4-26)$$

（7）水平年系统风电机组弃电量期望值 $EEWS$(MW·h/a) 为

$$EEWS = \sum_{m=1}^{12} \sum_{i=1}^{N_w} \sum_{j=1}^{N_V} \sum_{k=1}^{N_H} \sum_{n=1}^{N_T} \sum_{d=1}^{N_m} \sum_{t=1}^{T} p_{ijkn} \cdot E_W(d,t) \qquad (4-27)$$

式中　$E_W(d,t)$ ——m 月 d 日第 t 小时的弃风电量。

（8）水平年系统光伏发电机组弃电量期望值 $EEVS$(MW·h/a) 为

$$EEVS = \sum_{m=1}^{12} \sum_{i=1}^{N_w} \sum_{j=1}^{N_V} \sum_{k=1}^{N_H} \sum_{n=1}^{N_T} \sum^{N_m} \sum^{d=1} \sum_{t=1}^{T} p_{ijkn} \cdot E_V(d,t) \qquad (4-28)$$

式中，$E_V(d, t)$ ——m 月 d 日第 t 小时的弃光电量。

（9）水平年系统清洁能源电源弃电量期望值 $EEIS(\text{MW} \cdot \text{h/a})$ 为

$$EEIS = \sum_{m=1}^{12} EEIS_m \tag{4-29}$$

（10）水平年系统清洁能源电源渗透率 $IPPL(\%)$：水平年系统新能源电源装机容量 $ECIP$ 与水平年系统总负荷 P_{Load} 之比，即

$$IPPL = \frac{ECIP}{P_{\text{Load}}} \times 100\% \tag{4-30}$$

同理，可以定义水平年系统风电渗透率值 $WPPL$、光伏渗透率 $PPPL$。

（11）水平年系统清洁能源电源弃电率 $PSPI(\%)$：水平年系统清洁能源电源弃电量期望值与水平年系统清洁能源电源可用发电量期望值 $EEIP$ 之比，即

$$PSPI = \frac{EEIS}{EEIP} \times 100\% \tag{4-31}$$

同理，可以定义水平年系统风电弃电率 $PSPW$ 和光伏弃电率 $PSPP$。

（12）水平年系统清洁能源电源发电量占比 $IPAP(\%)$：水平年系统清洁能源电源发电量期望值 $EEIP$ 与水平年系统所有电源发电量期望值 $EEAP$ 之比，即

$$IPAP = \frac{EEIP}{EEAP} \times 100\% \tag{4-32}$$

同理，可以定义水平年系统风电发电量占比 $WPAP$ 和光伏发电量占比 $PPAP$。

（13）清洁能源电源弃电率累计概率分布。统计所有场景水平年的系统清洁能源电源弃电率及确切概率，按清洁能源电源弃电率大小排序，假设 $PSPI_{1111} \leqslant PSPI_{1112} \leqslant \cdots \leqslant PSPI_{ijkn} \leqslant \cdots \leqslant PSPI_{N_W N_V N_H N_T}$，可得出系统弃清洁能源率的累计概率分布 $F(X)$ 为

$$F(X) = p(PSPI \leqslant X) = \begin{cases} 0, X < PSPI_{1111} \\ \sum\limits_{ijkn=1111}^{IJKN} p_{ijkn}, X \in [PSPI_{IJKN}, PSPI_{IJK(N+1)}), \\ IJKN \in [1111, N_W N_V N_H N_T) \\ 1, X \geqslant PSPI_{N_W N_V N_H N_T} \end{cases} \tag{4-33}$$

根据累计概率分布曲线，可以计算一定保证率条件下系统的清洁能源电源弃电率。同理，可以计算水平年系统风电、光伏发电弃电率累计概率分布。

（14）水平年系统水电机组弃电量期望值 $EEHS(\text{MW} \cdot \text{h/a})$ 为

$$EEHS = \sum_{m=1}^{12} \sum_{i=1}^{N_W} \sum_{j=1}^{N_V} \sum_{k=1}^{N_H} \sum_{n=1}^{N_T} \sum_{d=1}^{N_m} \sum_{t=1}^{T} p_{ijkn} \cdot E_H(d,t) \tag{4-34}$$

式中　$E_H(d, t)$ ——m 月 d 日第 t 小时的弃水电量。

2. 清洁能源电源规划经济评价指标

（1）电源投资总费用 I_G（百万元）为

$$I_G = \sum_{i \in N_G} Z_G(X_i) \tag{4-35}$$

（2）水平年系统年运行维护费用 U_M（百万元）。系统年运行维护费用由两部分组成。一部分如材料费、维修费、工资福利费、管理费等，与发供电量的变化关系不大，但与发供电设备容量大致成正比，一般称为年固定运行维护费用，可以用总投资的百分数表示；另一部分如水费、除尘脱硫费、水库移民扶持基金、核废料后期处理费等，与系统各电站的年发电量有关，称为年可变运行维护费。其一般表达式为

$$U_M = \sum_{i \in N_G} \beta_{Mi} Z_G(X_i) + \sum_{i \in N_G} c_{Mi} E_i(X) \tag{4-36}$$

式中　X——水平年电站装机容量矢量；

$\quad E_i(X)$——系统运行模拟得出的电站 i 在水平年的年发电量，$GW \cdot h$；

$\quad \beta_{Mi}$——电站 i 年固定运行维护费率，$\%$；

$\quad c_{Mi}$——电站 i 的单位可变运行维护费，元/($kW \cdot h$)。

（3）水平年系统年燃料费用 U_F（百万元）。系统年燃料费用为系统各个电站消耗化石燃料的费用。水电机组、风电机组和光伏发电机组的发电能源为可再生能源，其年发电燃料费用可以忽略不计；抽水蓄能机组的发电能源为系统负荷低谷期间利用其他机组富裕出力的抽水，抽水电力的燃料费用已由提供抽水电力的电源计入，因此其抽水与发电的燃料费用可以忽略不计；核电站的发电能源为核燃料，其发电燃料费用与年发电量成正比；火电站的发电能源主要为煤、石油及天然气等不可再生化石能源，系统火电年燃料费用与其年发电量成正比。综上所述，系统年燃料费用的一般表达式为

$$U_F = \sum_{i \in N_{GA}} c_{Ai} E_{Ai}(X) + \sum_{i \in N_{GT}} c_{Ti} E_{Ti}(X) \tag{4-37}$$

式中　N_{GA}、N_{GT}——核电站、火电站总数；

$\quad c_{Ai}$、c_{Ti}——核电站、火电站 i 的单位发电成本，元/($kW \cdot h$)；

$E_{Ai}(X)$、$E_{Ti}(X)$——系统运行模拟得出的核电站、火电站 i 在水平年的年发电量，$GW \cdot h$。

（4）水平年系统年大气污染物排放费用 U_M（百万元）为

$$U_P = c_E(V_{SO_2}) \sum_{i \in N_{GT}} d_{Ti} E_{Ti}(X) + c_E(V_{NO_x}) \sum_{i \in N_{GT}} f_{Ti} E_{Ti}(X) + c_E(V_{dust}) \sum_{i \in N_{GT}} g_{Ti} E_{Ti}(X)$$

$$\tag{4-38}$$

式中　　　　　　　　　　　U_P——系统的大气污染物排放费用；

d_{Ti}、f_{Ti}、g_{Ti}——系统火电站 i 的二氧化硫排放率、氮氧化物排放率、粉尘排放率，$g/(kW \cdot h)$；

$c_E(V_{SO_2})$、$c_E(V_{NO_x})$、$c_E(V_{dust})$——系统火电机组单位二氧化硫排放费用、单位氮氧化物排放费用、单位粉尘排放费用，元/t；

V_{SO_2}、V_{NO_x}、V_{dust}——水平年系统火电机组二氧化硫排放量、氮氧
化物排放量、粉尘排放率，百万 t。

（5）水平年系统年碳排放费用 U_C（百万元）为

$$U_C = c_E(V_C) \sum_{i \in N_{GT}} e_{Ti} E_{Ti}(\boldsymbol{X}) \qquad (4-39)$$

式中　U_C——系统的碳排放费用；

$c_E(V_C)$——系统火电机组单位碳排放费用，元/t；

V_C——水平年系统火电机组碳排放量，百万 t；

e_{Ti}——系统火电站 i 的碳排放率，g/(kW·h)。

3. 清洁能源电源规划节能环保评价指标

（1）水平年系统火电机组发电能耗期望值 $EFCT(t)$ 为

$$EFCT = \sum_{i \in N_{GT}} h_{Ti} E_{Ti}(X_i) \qquad (4-40)$$

式中　h_{Ti}——系统火电站 i 的单耗，t/(kW·h)。

（2）水平年系统碳排放量 V_C（百万 t）为

$$V_C = \sum_{i \in N_{GT}} e_{Ti} E_{Ti}(X_i) \qquad (4-41)$$

（3）二氧化硫排放量 V_{SO_2}（百万 t）为

$$V_{SO_2} = \sum_{i \in N_{GT}} d_{Ti} E_{Ti}(X_i) \qquad (4-42)$$

（4）氮氧化物排放量 V_{NO_x}（百万 t）为

$$V_{NO_x} = \sum_{i \in N_{GT}} f_{Ti} E_{Ti}(X_i) \qquad (4-43)$$

（5）粉尘排放量 V_{dust}（百万 t）为

$$V_{dust} = \sum_{i \in N_{GT}} g_{Ti} E_{Ti}(X_i) \qquad (4-44)$$

4.2.3　清洁能源多点布局设计与规划方案的评价方法

应从清洁能源消纳、电网可靠性和经济性三个方面综合考虑清洁能源发电效益。基于 AHP 和熵权法，对新能源多点布局和规划方案进行综合评价。

1. 层次分析法

层次分析法（Analytic Hierarchy Process，AHP）是将与决策有关的元素分解成目标、准则、方案等层次，在此基础之上进行定性和定量分析的决策方法。该方法的主要思想是将复杂问题分解为若干层次和若干因素，对两两指标之间的重要程度作出比较判断，建立判断矩阵，通过计算判断矩阵的最大特征值以及对应特征向量，就可得出不同方案重要性程度的权重，为最佳方案的选择提供依据。

这种方法的特点是在对复杂的决策问题的本质、影响因素及其内在关系等进行深入分析的基础上，利用较少的定量信息使决策的思维过程数学化，从而为多目标、多准则或无结构特性的复杂决策问题提供简便的决策方法，尤其适用于对决策结果难以直接准确计量的场合。

运用层次分析法建立电网规划项目评价体系的步骤如下：

第一步，建立层次结构模型，将总的目标分解为基准层、指标层，各指标为 C_1、C_2、$\cdots$、C_n。

第二步，采用一致矩阵法形成判断矩阵，如共有 n 个指标时形成的判断矩阵为

$$A=\begin{Bmatrix} C_{11} & C_{12} & \cdots & C_{1n} \\ C_{21} & C_{22} & \cdots & C_{2n} \\ \vdots & \vdots & \ddots & \vdots \\ C_{n1} & C_{n2} & \cdots & C_{nn} \end{Bmatrix}$$

式中 C_{ij}——C_i 与 C_j 的重要程度之比，显然有 $C_{ij}=1/C_{ji}$。

第三步，一致性判断，即为同一层次相应因素对于上一层次某因素相对重要性的排序权值。计算矩阵最大特征值 λ 和对应的特征向量 $W=(w_1,w_2,\cdots,w_n)^{\mathrm{T}}$，得

$$A=\begin{Bmatrix} w_1/w_1 & w_1/w_2 & \cdots & w_1/w_n \\ w_2/w_1 & w_2/w_2 & \cdots & w_2/w_n \\ \vdots & \vdots & \ddots & \vdots \\ w_n/w_1 & w_n/w_2 & \cdots & w_n/w_n \end{Bmatrix}$$

一致性指标 $CI=\dfrac{\lambda-n}{n-1}$，相应的随机平均一致性指标见表 4-9。

表 4-9   随机平均一致性指标

n	1	2	3	4	5	6	7	8	9
RI	0	0	0.58	0.90	1.12	1.24	1.32	1.41	1.45

一致性比例 $CR=\dfrac{CI}{RI}$，若小于 0.1，则视为一致性可以接受。

第四步，层次总排序及一致性判断，总排序权重要自上而下地将单准则下的权重进行合成，一致性比例 $CR=\dfrac{\sum\limits_{j=1}^{m}CI(j)aj}{\sum\limits_{j=1}^{m}RI(j)aj}$，若值小于 0.1，则视为一致性在可接受范围内。

2. 熵权法

一般来说，若某个指标的信息熵越小，表明指标值的变异程度越大，提供的信息

量越多，在综合评价中所能起到的作用也越大，其权重也就越大。相反，某个指标的信息熵越大，表明指标值的变异程度越小，提供的信息量也越少，在综合评价中所起到的作用也越小，其权重也就越小。熵权法赋权步骤如下：

（1）数据标准化。将各个指标的数据进行标准化处理。

假设给定了 k 个指标 X_1，X_2，…，X_k，其中 $X_i = \{x_1，x_2，…，x_n\}$。假设对各指标数据标准化后的值为 Y_1，Y_2，…，Y_k，那么 $Y_{ij} = \dfrac{X_{ij} - \min(X_i)}{\max(X_i) - \min(X_i)}$。

（2）求各指标的信息熵。根据信息论中信息熵的定义，一组数据的信息熵 $E_j = -\ln(n)^{-1} \sum\limits_{i=1}^{n} p_{ij} \ln p_{ij}$。其中 $p_{ij} = Y_{ij} / \sum\limits_{i=1}^{n} Y_{ij}$，如果 $p_{ij} = 0$，则定义 $\lim\limits_{p_{ij} \to 0} p_{ij} \ln p_{ij} = 0$。

（3）确定各指标权重。根据信息熵的计算公式，计算出各个指标的信息熵为 E_1，E_2，…，E_k。通过信息熵计算各指标的权重 $W_i = \dfrac{1 - E_i}{k - \sum E_i}$（$i = 1，2，…，k$）。

4.2.4 案例分析

4.2.4.1 清洁能源选址和容量规划

以青海省为例，海西州清洁能源 2025 年规划装机容量 27410MW，海南州清洁能源 2025 年规划装机容量 20690MW。本小节将调整海西州、海南州清洁能源装机容量比，同时海西州、海南州清洁能源以上述比例进行装机，计算远景年青海不同清洁能源规划方案，见表 4－10。

表 4－10　　　　　　　　　2025 年青海清洁能源规划方案

参　　数	原始	1∶2.1	1∶1.5	1∶1.24	1∶1.05	1.88∶1
海西州风电装机容量/MW	6430	4740	5970	6590	7200	9660
海西州光伏发电装机容量/MW	20980	10670	13440	14820	16210	21750
海西州清洁能源装机容量/MW	27410	15410	19410	21410	23410	31410
海南州风电装机容量/MW	4560	10380	9110	8470	7840	5300
海南州光伏发电装机容量/MW	16130	22310	19580	18220	16850	11390
海南州清洁能源装机容量/MW	20690	32690	28690	26690	24690	16690
弃风率/%	3	2	2	1	1	2
弃光率/%	7	5	5	3	4	5
清洁能源弃电率/%	6.3	4.0	4.0	1.8	3.2	4

从表 4－10 可以看出，当海西州清洁能源总装机容量为 21410MW，海南州清洁能源总装机容量为 26690MW 时，青海省弃风率、弃光率达到最小值，分别为 1% 和 3%，青海省清洁能源弃电率为 1.8%。此时海西州清洁能源总装机容量和海南州清洁能源总装机容量比为 1∶1.24，其中海西州风电装机容量为 6590MW，海西州光伏发

电装机容量为 14820MW，海南州风电装机容量为 8470MW，海南州光伏发电装机容量为 18220MW。2025 年青海电网电量平衡见表 4-11。

表 4-11　　　　　　　　　　2025 年青海电网电量平衡表

项　目	1月	2月	3月	4月	5月	6月	7月	8月	9月	10月	11月	12月	合计
一、系统电量需求/(亿 kW·h)	269	235	264	256	263	266	267	271	275	284	279	274	3203
1. 负荷电量/(亿 kW·h)	102	85	97	95	97	105	100	105	113	117	117	108	1239
峰荷/(亿 kW·h)	6	5	6	6	6	7	6	7	7	8	8	7	79
基荷/(亿 kW·h)	96	79	91	89	90	98	93	98	106	109	109	101	1161
2. 输电线外送/(亿 kW·h)	167	151	167	161	167	161	167	167	161	167	161	167	1964
外送电量/(亿 kW·h)	168	152	168	163	168	163	168	168	163	168	163	168	1982
接受电量/(亿 kW·h)	2	1	2	1	2	1	2	2	1	2	1	2	18
二、清洁能源可用电量/(亿 kW·h)	98	79	87	84	102	98	102	97	94	97	95	98	1129
风电可用/(亿 kW·h)	31	16	18	17	32	31	32	31	30	31	30	31	330
光伏发电可用/(亿 kW·h)	66	63	70	67	69	67	69	66	64	66	64	66	799
1. 清洁能源发电/(亿 kW·h)	93	76	85	81	99	97	100	95	93	96	93	94	1103
风力发电/(亿 kW·h)	31	16	17	17	32	31	32	30	30	31	30	31	327
光伏发电/(亿 kW·h)	63	60	68	65	67	66	68	65	63	65	63	63	776
2. 调峰弃电/(亿 kW·h)	4	3	2	3	2	1	2	1	1	1	2	4	26
调峰弃风/(亿 kW·h)	1	0	0	0	0	0	0	0	0	0	0	0	3
调峰弃光/(亿 kW·h)	4	3	2	3	2	1	2	1	1	1	1	3	23
弃风率/%	2	2	1	2	1	1	1	0	0	0	1	2	1
弃光率/%	6	4	3	4	3	2	2	2	1	1	2	5	3
三、水电可用电量/(亿 kW·h)	78	76	87	81	84	93	133	126	93	92	74	81	1098
1. 水电发电/(亿 kW·h)	78	76	87	81	84	93	133	126	93	92	74	81	1098
调峰/(亿 kW·h)	55	56	64	58	57	67	92	97	67	65	52	55	786
基荷/(亿 kW·h)	23	20	23	23	27	26	41	29	26	27	22	26	312
2. 弃水电量/(亿 kW·h)	0	0	0	0	0	0	0	0	0	0	0	0	0
调峰弃水/(亿 kW·h)	0	0	0	0	0	0	0	0	0	0	0	0	0
其他弃水/(亿 kW·h)	0	0	0	0	0	0	0	0	0	0	0	0	0
四、调峰火电电量/(亿 kW·h)	2	2	2	2	1	2	1	2	2	2	2	2	21
调峰/(亿 kW·h)	1	1	1	1	1	1	0	1	1	1	1	1	11
基荷/(亿 kW·h)	1	1	1	1	0	1	0	1	1	1	1	1	10
1. 燃气机组/(亿 kW·h)	2	2	2	2	1	2	1	2	2	2	2	2	21
调峰/(亿 kW·h)	1	1	1	1	1	1	0	1	1	1	1	1	11

项　　目	1月	2月	3月	4月	5月	6月	7月	8月	9月	10月	11月	12月	合计
基荷/(亿 kW·h)	1	1	1	1	0	1	0	1	1	1	1	1	10
五、常规火电/(亿 kW·h)	53	46	46	52	52	50	34	36	53	52	53	53	580
调峰/(亿 kW·h)	21	19	19	22	26	26	16	18	28	28	22	22	267
基荷/(亿 kW·h)	32	27	27	31	26	24	17	18	25	25	31	32	313
1. 煤电机组/(亿 kW·h)	38	33	31	38	38	36	25	26	39	38	38	38	418
调峰/(亿 kW·h)	19	17	17	20	20	20	13	15	21	21	20	20	223
基荷/(亿 kW·h)	19	15	14	18	18	17	12	11	18	17	18	19	195
2. 热电机组/(亿 kW·h)	15	14	15	15	14	14	9	10	14	15	15	15	163
调峰/(亿 kW·h)	2	2	2	2	6	6	3	3	6	7	2	2	44
基荷/(亿 kW·h)	13	12	13	13	8	8	5	7	8	8	13	13	118
六、电量不足/(亿 kW·h)	51	43	53	49	38	35	20	30	48	54	65	52	540
调峰不足/(亿 kW·h)	0	0	0	0	0	0	0	0	0	0	0	0	0
七、综合利用小时/h	253	224	246	242	264	271	299	290	270	271	248	258	3135
1. 清洁能源发电机组/h	187	152	170	163	199	195	200	191	186	192	186	189	2211
风电机组/h	204	103	115	111	212	206	212	202	196	203	200	205	2170
光伏发电机组/h	180	173	194	186	193	190	195	186	182	188	180	182	2228
2. 水电机组/h	249	243	280	258	269	299	425	404	298	294	237	259	3514
3. 常规火电/h	664	581	575	658	651	630	421	454	669	656	664	670	7294
煤电机组/h	647	556	522	644	647	622	425	450	669	644	652	654	7130
热电机组/h	713	651	723	696	661	654	412	467	669	692	698	715	7751
4. 调峰火电/h	604	586	664	625	323	625	306	667	645	669	606	608	6927
燃气机组/h	604	586	664	625	323	625	306	667	645	669	606	608	6927

4.2.4.2　电网输电容量分析

根据青海省规划资料，2025 年海西州到海东州和海西州到海南州输电线总容量为6000MW，且不需要考虑海南州到海东州联络线输电约束。在最佳风光装机容量情况下，利用 HUST－PROS 软件进行运行模拟，在青海水电大出力和小出力情况下，青海网最大负荷日、海东最大负荷日、海西最大负荷日、海南最大负荷日时，海西—海南和海西—海东的联络输电线电力流动情况见表 4－12。

从表 4－12 可以看出，在青海水电大发且海东最大负荷日时，海西—海东和海西—海南输电线最大电力为 5990MW，接近 6000MW，此时输电线基本饱和。2025年海西—海南、海西—海东电力交换以及它们总的断面电力流动情况如表 4－13～表4－15 所示。

表 4 - 12　　　　　　　不同情况下青海省联络输电线电力流动情况　　　　　　　单位：MW

水电	负荷	海西—海东最大断面电力流动	海西—海南最大断面电力流动	总最大断面电力流动
水电大出力	青海最大负荷日	4300	1710	5200
	海东最大负荷日	4530	1590	5990
	海西最大负荷日	4460	1600	5200
	海南最大负荷日	4300	1710	5200
水电小出力	青海最大负荷日	4280	2450	4280
	海东最大负荷日	3800	2360	3800
	海西最大负荷日	4450	2700	4450
	海南最大负荷日	4280	2450	4280

表 4 - 13　　　　　　　　2025 年海西—海南联络线典型日情况　　　　　　　　单位：万 kW

时刻	1 月	2 月	3 月	4 月	5 月	6 月	7 月	8 月	9 月	10 月	11 月	12 月
1：00	−64	−83	−87	−92	−123	−134	−139	−154	−109	−88	−19	−61
2：00	−57	−77	−80	−85	−124	−123	−146	−149	−102	−79	−17	−54
3：00	−56	−76	−80	−85	−112	−110	−148	−151	−105	−82	−19	−53
4：00	−44	−66	−67	−72	−92	−87	−146	−146	−102	−79	0	−36
5：00	−60	−79	−83	−88	−103	−100	−139	−142	−90	−65	−23	−57
6：00	−79	−97	−102	−108	−129	−129	−148	−151	−104	−82	−34	−80
7：00	−108	−130	−134	−143	−102	−111	−117	−141	−102	−82	−38	−120
8：00	−108	−130	−128	−137	−101	−108	−116	−136	−96	−77	−39	−127
9：00	−87	−127	−103	−112	−106	−113	−121	−122	−82	−64	−32	−135
10：00	−85	−125	−101	−110	−113	−121	−129	−127	−87	−69	−29	−132
11：00	−91	−130	−107	−116	−111	−119	−127	−116	−75	−58	−36	−138
12：00	−87	−127	−103	−112	−114	−122	−130	−111	−70	−53	−32	−135
13：00	−110	−130	−125	−133	−105	−113	−121	−138	−99	−80	−42	−133
14：00	−108	−130	−137	−143	−106	−116	−122	−146	−107	−87	−39	−117
15：00	−107	−123	−128	−134	−106	−114	−121	−142	−103	−84	−38	−108
16：00	−84	−101	−106	−112	−121	−133	−138	−156	−112	−91	−36	−84
17：00	−110	−130	−134	−143	−107	−114	−122	−142	−103	−84	−42	−123
18：00	−74	−114	−90	−99	−108	−116	−123	−118	−78	−60	−17	−121
19：00	−30	−77	−55	−64	−105	−112	−120	−113	−73	−55	0	−78
20：00	−42	−85	−61	−70	−115	−123	−130	−119	−79	−61	0	−90
21：00	−50	−92	−68	−77	−108	−111	−122	−83	−43	−29	0	−98
22：00	−70	−111	−87	−96	−120	−124	−134	−95	−54	−38	−14	−117
23：00	−105	−130	−120	−129	−121	−130	−137	−133	−94	−75	−50	−138
24：00	−83	−100	−106	−112	−124	−136	−140	−159	−117	−98	−37	−84

表 4-14　　　　　2025 年海西—海东联络线典型日断面电力流动情况　　　　单位：万 kW

时刻	1 月	2 月	3 月	4 月	5 月	6 月	7 月	8 月	9 月	10 月	11 月	12 月
1：00	0	0	−40	0	0	0	−109	−85	0	0	−40	0
2：00	0	0	−55	0	0	0	−115	−91	0	0	−55	0
3：00	0	0	−55	0	0	0	−116	−93	0	0	−55	0
4：00	0	0	−55	0	0	0	−118	−94	0	0	−55	0
5：00	0	0	−55	0	0	0	−115	−91	0	0	−55	0
6：00	0	0	−55	0	0	0	−101	−78	0	0	−55	0
7：00	0	0	−55	0	0	0	−61	−40	0	0	−55	0
8：00	0	0	−53	0	0	0	−55	−34	0	0	−53	0
9：00	3	0	−24	0	0	0	−28	−8	3	0	−24	0
10：00	128	118	110	125	11	0	−33	−13	128	118	110	125
11：00	249	239	231	272	159	82	0	54	249	239	231	272
12：00	326	316	308	362	248	170	63	192	326	316	308	362
13：00	385	375	367	433	323	248	133	242	385	375	367	433
14：00	404	395	387	453	332	249	151	257	404	395	387	453
15：00	380	371	362	408	298	223	121	227	380	371	362	408
16：00	365	356	348	347	239	165	64	188	365	356	348	347
17：00	291	282	274	240	130	54	0	105	291	282	274	240
18：00	121	111	103	64	0	0	0	0	121	111	103	64
19：00	70	61	53	0	0	0	0	0	70	61	53	0
20：00	0	0	−39	0	0	0	0	0	0	0	−39	0
21：00	0	0	0	0	0	0	0	0	0	0	0	0
22：00	0	0	0	0	0	0	−9	0	0	0	0	0
23：00	0	0	−13	0	0	0	−45	−25	0	0	−13	0
24：00	0	0	−17	0	0	0	−98	−75	0	0	−17	0

表 4-15　　　　海西—海南和海西—海东联络线典型日断面总电力流动情况　　　　单位：万 kW

时刻	1 月	2 月	3 月	4 月	5 月	6 月	7 月	8 月	9 月	10 月	11 月	12 月
1：00	65	98	95	95	123	134	179	154	109	88	127	146
2：00	58	91	88	88	124	123	201	149	102	79	132	145
3：00	58	91	88	88	112	110	203	151	105	82	135	146
4：00	45	80	75	74	92	87	201	146	102	79	118	130
5：00	61	94	91	91	103	100	194	142	90	65	138	149
6：00	81	111	110	110	129	129	203	151	104	82	135	157
7：00	109	144	143	145	102	111	172	141	102	82	99	160

时刻	1月	2月	3月	4月	5月	6月	7月	8月	9月	10月	11月	12月
8：00	110	142	137	139	101	108	169	136	96	77	94	161
9：00	89	142	112	115	108	113	145	122	82	64	59	143
10：00	86	211	146	146	241	239	239	252	98	69	62	145
11：00	242	365	300	299	360	358	358	387	234	139	36	192
12：00	374	454	389	389	440	438	437	473	318	222	94	326
13：00	441	507	463	444	490	488	488	571	422	328	175	375
14：00	456	518	471	464	511	511	509	599	439	337	190	375
15：00	425	486	452	431	486	484	484	550	401	306	159	335
16：00	363	421	387	383	486	489	485	503	351	256	99	272
17：00	307	380	344	343	398	396	396	382	232	138	42	228
18：00	127	249	183	183	229	227	227	182	78	60	17	121
19：00	31	91	63	67	175	173	173	113	73	55	0	78
20：00	44	100	69	73	115	123	169	119	79	61	0	90
21：00	51	107	76	80	108	111	122	83	43	29	0	98
22：00	71	125	95	98	120	124	134	95	54	38	23	117
23：00	106	144	128	131	121	130	151	133	94	75	95	163
24：00	85	115	114	114	124	136	157	159	117	98	135	159

为分析海西—海东和海西—海南联络线容量的使用情况，对表 4-15 进行输电线容量使用情况概率化分析，得到海西—海南和海西—海东联络线容量利用率，联络线容量利用率概率分布及累积概率分布统计结果见表 4-16 和图 4-25、图 4-26 所示。

表 4-16　　　　　　　　海西—海南和海西—海东联络线容量利用率

时刻	1月	2月	3月	4月	5月	6月	7月	8月	9月	10月	11月	12月
1：00	0.11	0.16	0.16	0.16	0.21	0.22	0.30	0.26	0.18	0.15	0.21	0.24
2：00	0.10	0.15	0.15	0.15	0.21	0.21	0.34	0.25	0.17	0.13	0.22	0.24
3：00	0.10	0.15	0.15	0.15	0.19	0.18	0.34	0.25	0.18	0.14	0.23	0.24
4：00	0.08	0.13	0.13	0.12	0.15	0.15	0.34	0.24	0.17	0.13	0.20	0.22
5：00	0.10	0.16	0.15	0.15	0.17	0.17	0.32	0.24	0.15	0.11	0.23	0.25
6：00	0.14	0.19	0.18	0.18	0.22	0.22	0.34	0.25	0.17	0.14	0.23	0.26
7：00	0.18	0.24	0.24	0.24	0.17	0.19	0.29	0.24	0.17	0.14	0.17	0.27
8：00	0.18	0.24	0.23	0.23	0.17	0.18	0.28	0.23	0.16	0.13	0.16	0.27

时刻	1月	2月	3月	4月	5月	6月	7月	8月	9月	10月	11月	12月
9：00	0.15	0.24	0.19	0.19	0.18	0.19	0.24	0.20	0.14	0.11	0.10	0.24
10：00	0.14	0.35	0.24	0.24	0.40	0.40	0.40	0.42	0.16	0.12	0.10	0.24
11：00	0.40	0.61	0.50	0.50	0.60	0.60	0.60	0.65	0.39	0.23	0.06	0.32
12：00	0.62	0.76	0.65	0.65	0.73	0.73	0.73	0.79	0.53	0.37	0.16	0.54
13：00	0.74	0.85	0.77	0.74	0.82	0.81	0.81	0.95	0.70	0.55	0.29	0.63
14：00	0.76	0.86	0.79	0.77	0.85	0.85	0.85	1.00	0.73	0.56	0.32	0.63
15：00	0.71	0.81	0.75	0.72	0.81	0.81	0.81	0.92	0.67	0.51	0.27	0.56
16：00	0.61	0.70	0.65	0.64	0.81	0.82	0.81	0.84	0.59	0.43	0.17	0.45
17：00	0.51	0.63	0.57	0.57	0.66	0.66	0.66	0.64	0.39	0.23	0.07	0.38
18：00	0.21	0.42	0.31	0.31	0.38	0.38	0.38	0.30	0.13	0.10	0.03	0.20
19：00	0.05	0.15	0.11	0.11	0.29	0.29	0.29	0.19	0.12	0.09	0	0.13
20：00	0.07	0.17	0.12	0.12	0.19	0.21	0.28	0.20	0.13	0.10	0	0.15
21：00	0.09	0.18	0.13	0.13	0.18	0.19	0.20	0.14	0.07	0.05	0	0.16
22：00	0.12	0.21	0.16	0.16	0.20	0.21	0.22	0.16	0.09	0.06	0.04	0.20
23：00	0.18	0.24	0.21	0.22	0.20	0.22	0.25	0.22	0.16	0.13	0.16	0.27
24：00	0.14	0.19	0.19	0.19	0.21	0.23	0.26	0.27	0.20	0.16	0.23	0.27

由图 4 - 25 可以看出，海西—海南和海西—海东联络线容量利用率呈现小利用率概率大，中间和大利用率概率小且较为均匀的趋势。

由图 4 - 26 可以看出，海西—海南和海西—海东联络线容量利用率的累积概率分布曲线较为光滑，在出力为 0.9 时，累积概率即接近最大值。

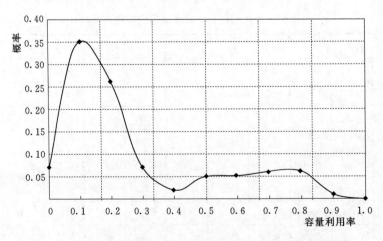

图 4 - 25　海西—海南和海西—海东联络线容量利用率概率分布

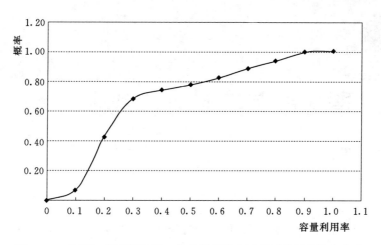

图 4-26　海西—海南和海西—海东联络线容量利用率累积概率分布

第 5 章

清洁能源网源协调规划技术

2003 年我国实施了电力体制改革，厂网分开，电源规划与电网规划在实践中被分开进行。尤其对于电源规划，电源的建设和经营主体是发电公司，其规划建设均从企业发展的角度进行投资决策，缺乏从国民经济角度进行的电源系统的整体规划，更缺乏电源和电网的协调决策。近些年来，大容量的风电、光伏发电等清洁能源不断接入电力系统，"弃风""弃光"问题愈发凸显，电源结构不合理、电源与电网规划建设的不协调问题受到广泛关注。为了更加优化利用资源、更加经济地满足用电需求，电源规划与电网规划需要协调进行。本章从能源可持续发展角度出发，从宏观层面提出清洁能源的网源协调发展规划方法，并以青海电网 2020 年为例，进行清洁能源与电网的协调发展分析。

5.1 清洁能源网源协调规划数学模型

5.1.1 目标函数

考虑高比例清洁能源发展，网源协调规划模型以电力系统投资与运行费用之和最小为优化目标，目标函数可表示为

$$\min\Big[\sum_{y=1}^{Y}(F_{\mathrm{G,I},y}+F_{\mathrm{T,I},y}+F_{\mathrm{O},y}+F_{\mathrm{A},y}+F_{\mathrm{r},y})(1+i)^{-y}\Big] \tag{5-1}$$

$$F_{\mathrm{G,I},y}=\sum_{j=1}^{N_{\mathrm{G+}}}\alpha_{\mathrm{CRF},j}x_{\mathrm{G},y,j}c_{\mathrm{G,I},j}N_{y,j} \tag{5-2}$$

$$F_{\mathrm{T,I},y}=\sum_{k=1}^{N_{\mathrm{L+}}}\alpha_{\mathrm{CRF},k}x_{\mathrm{T},y,k}c_{\mathrm{T,I},k}l_k \tag{5-3}$$

$$F_{\mathrm{O},y}=\sum_{j=1}^{N_{\mathrm{G+}}}\beta_{\mathrm{G},j}x_{\mathrm{G},y,j}F_{\mathrm{G,I},j}+\sum_{k=1}^{N_{\mathrm{L+}}}\beta_{\mathrm{T},k}x_{\mathrm{T},y,k}F_{\mathrm{T,I},k}+\sum_{j=1}^{N_{\mathrm{G}}}c_jW_{y,j} \tag{5-4}$$

$$F_{\mathrm{A},y}=c_{\mathrm{A1}}P_{\mathrm{A},y,\max}+c_{\mathrm{A2}}W_{\mathrm{A},y} \tag{5-5}$$

$$F_{\mathrm{r},y}=c_{\mathrm{r1}}P_{\mathrm{r},y,\max}+c_{\mathrm{r2}}W_{\mathrm{r},y} \tag{5-6}$$

$$\alpha_{\mathrm{CRF},j} = \frac{(1+i)^{n_j}}{(1+i)^{n_j}-1} \qquad (5-7)$$

$$\alpha_{\mathrm{CRF},k} = \frac{(1+i)^{n_k}}{(1+i)^{n_k}-1} \qquad (5-8)$$

式中 Y——规划周期，年；

$F_{\mathrm{G,I},y}$——电站投资等年值费用；

$F_{\mathrm{T,I},y}$——电网投资等年值费用；

$F_{\mathrm{O},y}$——第 y 年的运行费用；

$F_{\mathrm{A},y}$——第 y 年的清洁能源弃电费用；

$F_{\mathrm{r},y}$——第 y 年的切负荷费用；

i——贴现率；

$N_{\mathrm{G}+}$、$N_{\mathrm{L}+}$——待选电站和待选线路的数目；

N_{G}——系统中的电站总数目；

$\alpha_{\mathrm{CRF},j}$、$\alpha_{\mathrm{CRF},k}$——待选电站 j 与待选线路 k 的资金回收系数；

$x_{\mathrm{G},y,j}$——待选电站 j 的投资决策变量，为 $0-1$ 变量，当 $x_{\mathrm{G},y,j}=1$ 时待选电站 j 第 y 年投建/扩建，当 $x_{\mathrm{G},y,j}=0$ 时待选电站 j 第 y 年不投建；

$x_{\mathrm{T},y,k}$——线路 k 的投资决策变量；

$c_{\mathrm{G,I},j}$、$c_{\mathrm{T,I},k}$——待选电站 j 与待选线路 k 的单位投资成本；

$N_{y,j}$——电站 j 在第 y 年的建设容量；

l_k——线路 k 的长度；

$\beta_{\mathrm{G},j}$、$\beta_{\mathrm{T},k}$——电站 j 与线路 k 的年固定运行维护费率；

$W_{y,j}$、c_j——电站 j 第 y 年的发电量与单位发电成本；

c_{A1}、c_{r1}——单位弃电功率费用与单位切负荷功率费用；

$P_{\mathrm{A},y,\max}$、$P_{\mathrm{r},y,\max}$——系统在第 y 年的最大弃电功率与最大切负荷功率；

c_{A2}、c_{r2}——单位弃电电量费用与单位切负荷电量费用；

$W_{\mathrm{A},y}$、$W_{\mathrm{r},y}$——系统在第 y 年的弃电电量与切负荷电量；

n_j、n_k——待选电站 j 与待选线路 k 的经济使用寿命。

5.1.2 约束条件

清洁能源网源协调规划模型的约束条件包括网侧约束条件与源侧约束条件。为了促进清洁能源电源的发展，本模型还考虑了清洁能源的最小渗透率及弃电率约束，最大化清洁能源的容量替代效益。

对于某一规划水平年，网源协调规划的约束条件如下：

1. 网侧约束条件

（1）投资决策约束。

1）输电走廊约束为

$$L_{k,y} \leqslant L_{k,\max} \tag{5-9}$$

式中　$L_{k,y}$——线路 k 第 y 年的回数；

　　　　$L_{k,\max}$——线路 k 所造的输电走廊允许的最大回数。

2）投运年限约束为

$$T_{k,\min} \leqslant T_k \leqslant T_{k,\max} \tag{5-10}$$

式中　　　　T_k——线路 k 的投产时间；

$T_{k,\min}$、$T_{k,\max}$——实际施工进程以及国家与地方发展等因素决定的线路 k 的最早与

　　　　　　最晚投产时间。

（2）运行优化约束。

1）电力平衡约束为

$$\sum_{j=1}^{N_G} P_{j,m,t} + \sum_{l=1}^{N_L} P_{Ll,m,t} = d_{m,t} \tag{5-11}$$

式中　$d_{m,t}$——m 月 t 时段的负荷；

　　　N_G——电站数目；

　　　N_L——与该系统相连输电线路的数目；

　　$P_{j,m,t}$——j 电站 m 月 t 时段发电出力；

　$P_{Ll,m,t}$——l 联络线路 m 月 t 时段送入系统功率（送入为正，送出为负）。

2）直流潮流约束为

$$\boldsymbol{P}_G - \boldsymbol{P}_d = -\boldsymbol{B\theta} \tag{5-12}$$

式中　$\boldsymbol{P}_G$、$\boldsymbol{P}_d$——除平衡节点以外其他各个节点发电机有功功率和负荷有功功率所

　　　　　　组成的向量；

　　　$\boldsymbol{B}$——节点电纳矩阵；

　　　$\boldsymbol{\theta}$——除平衡节点以外其他各节点的电压相位所组成的向量。

3）电量平衡约束为

$$\sum_{j=1}^{N_G} W_{j,m,i} + \sum_{l=1}^{N_L} W_{Ll,m,i} = W_{m,i} \tag{5-13}$$

式中　$W_{m,i}$——系统 m 月 i 日预测负荷电量；

　　$W_{j,m,i}$——电站 j 在 m 月 i 日的发电量；

　$W_{Ll,m,i}$——与该系统相连输电线路 l 第 m 月 i 日送入系统的电量。

4）交流线路最大输电容量约束为

$$P_{Ll,\max 1} \leqslant P_{Ll,t} + P_{LRl,t} + P_{LSl,t} \leqslant P_{Ll,\max 2} \tag{5-14}$$

式中　$P_{Ll,\max2}$、$P_{Ll,\max1}$——交流线路 l 水平年第 t 时段正向、反向最大输电容量；

　　　　$P_{LRl,t}$、$P_{LSl,t}$——交流线路 l 水平年第 t 时段输送的热备用与冷备用容量。

　　5）直流线路最大输电容量约束为

$$P_{Lk,\min} \leqslant P_{Lk,t} + P_{LRk,t} + P_{LSk,t} \leqslant P_{Lk,\max} \tag{5-15}$$

式中　$P_{Lk,\min}$、$P_{Lk,\max}$——直流线路 k 水平年正向最小输电量与最大输电量；

　　　　$P_{LRk,t}$、$P_{LSk,t}$——直流线路 k 水平年第 t 时段输送的热备用与冷备用容量。

　　2. 源侧约束条件

　　（1）投资决策约束。

　　1）最大装机容量约束为

$$\sum_{y=1}^{Y} x_{G,y,j} N_{y,j} \leqslant N_{j,\max} \tag{5-16}$$

式中　$N_{j,\max}$——电站 j 的最大装机容量。

　　2）连续性装机约束。待建电站第一台机组投产后，本期后续机组应该按计划连续安装投产。

　　（2）运行优化约束。

　　1）负荷及事故备用约束为

$$\begin{cases} \displaystyle\sum_{j=1}^{N_G} P_{RR,j} + \sum_{l=1}^{N_L} P_{RLRl} = P_R \geqslant P_{RN} \\ \displaystyle\sum_{j=1}^{N_G} P_{RSj} + \sum_{l=1}^{N_L} P_{RLSl} = P_{RS} \end{cases} \tag{5-17}$$

式中　P_R、P_{RS}——系统热（负荷及事故旋转）备用及冷（事故停机）备用容量；

　　　　P_{RN}——系统年热备用容量下限；

　　$P_{RR,j}$、P_{RSj}——电站 j 承担热备用及冷备用容量；

　　P_{RLRl}、P_{RLSl}——与该系统相连输电线 l 水平年 m 月 i 日送入系统或分区 z 的热备用及冷备用容量。

　　2）调峰平衡约束为

$$\sum_{j=1}^{N_G} \Delta P_{j,m,i} + \sum_{l=1}^{N_{L,L}} \Delta P_{Ll,m,i} \geqslant \Delta L_{m,i} + P_{Rm,i} \tag{5-18}$$

式中　$\Delta P_{j,m,i}$、$\Delta P_{Ll,m,i}$——水平年 m 月 i 日电站 j 或与该系统相连输电线 l 的调峰容量；

　　　　$\Delta L_{m,i}$——系统 m 月 i 日的负荷峰谷差。

　　3）电站发电出力上、下限约束为

$$P_{j,m,i,\min} \leqslant P_{j,m,i,t} \leqslant P_{j,m,i,\max} \tag{5-19}$$

式中　$P_{j,m,i,\max}$、$P_{j,m,i,\min}$——水平年 m 月 i 日电站 j 发电出力上、下限。

　　4）电站承担备用容量上限约束为

$$0 \leqslant P_{Rj,m,i} \leqslant P_{Rj,i,\max} \tag{5-20}$$

式中　　$P_{Rj,m,i}$、$P_{Rj,i,\max}$——水平年 m 月 i 日电站 j 承担的备用容量及其上限。

5）电站检修场地约束为

$$n_{Mj,m,i} \leqslant n_{Mj,i,\max} \tag{5-21}$$

式中　　$n_{Mj,i,\max}$、$n_{Mj,m,i}$——电站 j 同时安排检修机组台数约束和 m 月 i 日实际检修台数。

6）水电站电量平衡约束为

$$\Delta t \sum_{t=1}^{24} (P_{h,j,m,i,t} + P_{h,a,m,j,i,t}) = 24 P_{HAVj,m,i} \tag{5-22}$$

式中　　　　　　　　　　Δt——时段长度，取 1h；

$P_{HAVj,m,i}$、$P_{h,j,m,i,t}$、$P_{h,a,m,j,i,t}$——水电站 j 水平年 m 月 i 日平均出力、t 时段发电出力和调峰弃水电力。

7）储能电站电量平衡约束为

$$\begin{cases} 0 \leqslant W_{s,j,m,i,t} \leqslant n_{sj,m,\max} N_j \\ W_{s,j,m,i,t} = W_{s,j,m,i,t-1} + \eta_{sc} P_{s,in,j,m,i,t} - \eta_{sd} P_{s,j,m,i,t} \\ P_{s,in,j,m,i,t} P_{s,j,m,i,t} = 0 \end{cases} \tag{5-23}$$

式中　　$P_{s,j,m,i,t}$、$P_{s,in,j,m,i,t}$——储能电站 j 水平年 m 月 i 日 t 时刻的出力和充电功率；

$n_{sj,m,\max}$——储能装置最大运行台数；

$W_{s,j,m,i,t}$——储能电站在 j 水平年 m 月 i 日 t 时段储存的电量；

η_{sc}、η_{sd}——充、放电效率。

（3）系统可靠性约束。

1）年电力不足小时期望值约束为

$$HLOLE \leqslant HLOLE_{\max} \tag{5-24}$$

式中　　$HLOLE$——年电力不足小时期望值；

$HLOLE_{\max}$——年电力不足小时期望值上限。

2）年电力不足期望值约束为

$$LOLE \leqslant LOLE_{\max} \tag{5-25}$$

式中　　$LOLE$——年电力不足期望值；

$LOLE_{\max}$——年电力不足期望值上限。

3）年电量不足期望值约束为

$$EENS \leqslant EENS_{\max} \tag{5-26}$$

式中　　$EENS$——年电量不足期望值；

$EENS_{\max}$——年电量不足期望值上限。

5.2　清洁能源网源协调规划流程

　　基于西部太阳能、风能的天然互补性和地域广袤带来的发电出力"平滑效应"，可以优化光伏发电、风电集中开发布局、规模和配比，使其自然互补效益最大化，降低风/光出力在各时间尺度上的不确定性。再进一步利用黄河上游梯级水电站群、光热、抽水蓄能等可调节清洁电源的能量存储和调节特性，在满足合理的发电经济性前提下，通过优化调度，与光伏发电、风力发电互补运行，平衡风/光在年、月、日中长时间尺度上的电量不均衡性，以及平抑小时级以内短时间尺度上的出力波动性，提高风光水储多能互补大型清洁能源系统输出功率稳定性和输电效率，从而满足安全可靠供电和直流平稳外送需求，提升能源发电消纳规模和外送受端落地电价竞争力。

　　基于上述思想，清洁能源基地的网源协调规划实施流程如图5-1所示，具体实施步骤如下：

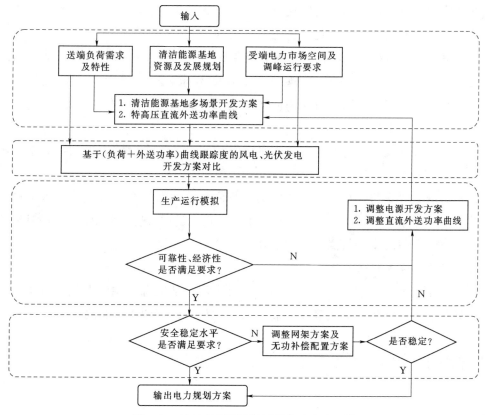

图5-1　清洁能源网源协调规划实施流程图

1. 确定清洁能源基地多情景开发初始方案与特高压直流外送初始功率曲线

（1）根据清洁能源基地的资源勘测情况，制定清洁能源发电的发展空间，包括各个基地的风电、光伏发电的发电装机容量。

（2）根据电网所在地区经济发展规划，综合当地气候、居民生活习惯等影响负荷需求特征的相关数据，预测规划水平年的负荷需求和负荷特性。

（3）评估受端电力系统的接收能力，基于受端负荷需求及特性，计算外送受端电力市场空间并分析电力系统调峰的运行要求。

（4）综合上述三点，确定清洁能源基地多情景开发初始方案与特高压直流外送初始功率曲线。

2. 考虑风电、光伏发电互补特性的风电、光伏发电开发方案比选

综合考虑清洁能源基地本地负荷需求、外送受端电力市场空间与调峰运行要求，计算不同风电/光伏发电装机容量配比的清洁能源建设方案的综合负荷（负荷＋外送功率）曲线跟踪度，确定较优的开发方案。

3. 优化方案的电力系统生产运行模拟计算及评价

（1）对多能源系统进行规划年的生产运行模拟，根据水电站的运行特性，对水电站进行优化调度；获得各类型机组在负荷曲线上的工作位置、发电量，整个系统的电力盈亏、清洁能源的弃电量、化石能源消耗数据。

（2）根据运行模拟结果，计算电站以及系统运行的各类技术、经济指标，判断开发方案的可靠性与经济性是否满足要求。若满足要求，进入步骤 4；若不满足要求，则调整电源开发方案和外送直流功率曲线，返回步骤 1 第（3）步。

4. 规划方案安全稳定水平校验

（1）对建设方案的电网安全稳定水平进行校验，若安全稳定水平满足要求，则转到步骤 5，否则转到（2）。

（2）对网架方案与无功补偿配置方案进行调整，并对方案的安全稳定水平进行校验，若安全稳定水平满足要求，则转到步骤 5，否则返回步骤 1 第（3）步，对清洁能源基地多场景开发方案与特高压直流外送功率曲线进行调整。

5. 输出电力系统规划方案

输出满足可靠性、经济性、安全稳定性要求的清洁能源网源协调规划方案，包括风电、光伏发电各基地的装机容量、装机时序、外送电力的送电曲线等。

5.3 案例分析

5.3.1 边界条件

1. 负荷情况

2020 年预测全网最大用电负荷 1010 万 kW，全社会用电量 763 亿 kW·h；青海海

南州特高压直流计划 2020 年 10 月底投运，初期最大外送容量 400 万 kW，全年外送清洁能源电量 34.5 亿 kW·h（11 月、12 月外送电量）。2020 年青海海南州特高压直流外送曲线如图 5-2 所示。

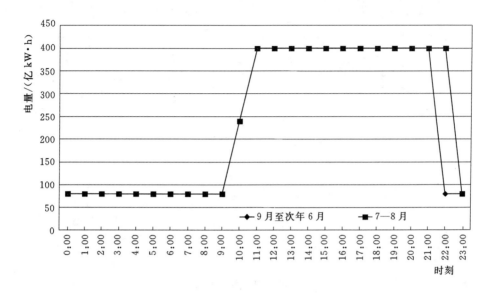

图 5-2　2020 年青海海南州特高压直流外送曲线

多年来青海经济发展依靠低电价优势，构筑了以电解铝、铁合金等高载能行业为主的经济结构。由于高耗能负荷占比常年在 80% 以上，企业全年保持均衡生产，全年用电负荷曲线平缓。

青海电网年负荷曲线预测结果及日负荷曲线预测结果如图 5-3、图 5-4 和表 5-1 所示。

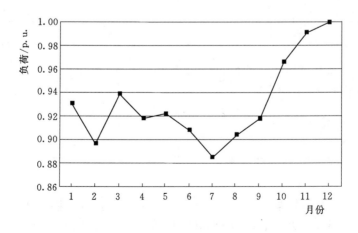

图 5-3　青海电网年负荷曲线预测结果

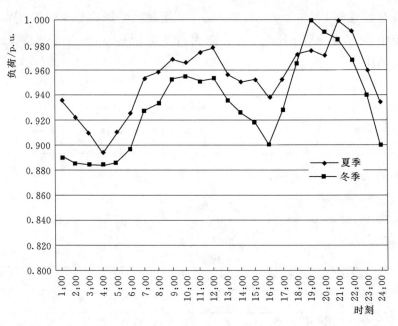

图 5-4　青海电网日负荷曲线

表 5-1　　　　　　　　　青海电网日负荷特性

时刻	夏季	冬季	时刻	夏季	冬季
1：00	0.936	0.891	14：00	0.950	0.925
2：00	0.922	0.886	15：00	0.953	0.918
3：00	0.910	0.885	16：00	0.937	0.900
4：00	0.894	0.884	17：00	0.953	0.928
5：00	0.910	0.886	18：00	0.972	0.965
6：00	0.925	0.897	19：00	0.976	1.000
7：00	0.954	0.928	20：00	0.971	0.990
8：00	0.958	0.933	21：00	1.000	0.984
9：00	0.969	0.954	22：00	0.990	0.968
10：00	0.965	0.956	23：00	0.960	0.940
11：00	0.974	0.951	24：00	0.935	0.899
12：00	0.978	0.954	平均负荷率	0.952	0.932
13：00	0.956	0.936	最小负荷率	0.894	0.884

2. 电源情况

2020 年青海电网装机总量为 4116 万 kW，其中，水电装机容量 1302 万 kW，占总装机容量的 31.6％；火电装机容量 393 万 kW，占总装机容量的 9.5％；风电装机容量 999 万 kW，占总装机容量的 24.3％；太阳能发电装机容量 1422 万 kW，占总装机容量的 34.6%。2020 年青海电网电源结构图如图 5-5 所示。另外，海南特高压直流配套电源装机容量共 610 万 kW，其中水电装机容量 110 万 kW，风电装机容量 200 万 kW，光伏发电装机容量 300 万 kW。

3. 电网结构

2020 年青海海南州特高压直流及合乐 750kV 输变电工程、塔拉 3 号主变扩建等交流配套工程投运，形成直流近区以 750kV 为主干网架的四角双环网，青海海南特高压直流换流站以三回 750kV 线路接入合乐变，网架结构坚强。

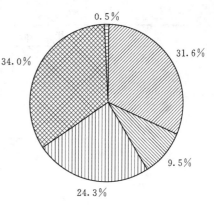

图 5-5　2020 年青海电网电源结构图

5.3.2　仿真计算工具

电气计算采用中国电力科学研究院开发的"PSD 电力系统软件工具（PSD Power Tools）"系列软件包，作为本次研究的仿真计算工具，主要包括以下程序

（1）PSD-PFNT 潮流计算程序。

（2）PSD-SWNT 暂态稳定计算程序。

（3）PSD-SCCPC 短路电流计算程序。

（4）PSD-CLIQUE 地理接线图绘制程序。

（5）PSD-MYCHART 多曲线对比程序。

生产模拟软件采用华中科技大学开发的"多能源联合电力系统运行模拟软件（Hust_ProS 2015）"，该软件从电力系统整体和实际出发，充分考虑电力系统中各类电站（火/水/风/光/核/储）的运行特点，利用系统中水电、风电和光伏发电等绿色、低碳的清洁能源，模拟电力系统全年逐月最大负荷日或典型周各小时的发电调度方式，确定各电站在系统日负荷曲线上的最佳工作位置和工作容量，评估各电站在系统中的地位和作用，计算系统的各类技术经济指标。

5.3.3　清洁能源消纳分析

根据青海省优化外送的生产模拟计算结果，全年无电力、电量不足情况，光伏发电、风电弃电量分别为 10 亿 kW·h、8 亿 kW·h；通过联络线签订长期购电协议的净购电量为 60 亿 kW·h；火电利用小时为 4100h，火电电量为 161 亿 kW·h，计及清洁能源弃电量及调峰损失的广义弃电量合计 18 亿 kW·h，清洁能源发电电量占比 35.6%，清洁能源弃电率 5.6%，生产模拟指标见表 5-2。

表 5 - 2 2020 年生产模拟指标表

指 标		数 值
弃电量指标	水电/(亿 kW·h)	0
	光热发电/(亿 kW·h)	0
	光伏发电/(亿 kW·h)	10
	风力发电/(亿 kW·h)	8
联络线交易指标	长期购电电量/(亿 kW·h)	60
运行经济性指标	火电利用小时/h	4100
	火电电量/(亿 kW·h)	161
	广义弃电量/(亿 kW·h)	18
	新能源占比/%	35.6
	新能源弃电率/%	5.6

5.3.4 清洁能源最佳布局方案

本节根据清洁能源规划开发规模及布局，基于生产模拟运行仿真，提出基于清洁能源消纳能力的并网规模布局优化方案。通过青海电网生产模拟运行仿真研究，在保持风光总装机容量不变的前提下，当 2020 年青海省风光比例为 1∶1.4 时，清洁能源弃电率最小，即该风光配比下，可消纳清洁能源装机容量最大。2020 年风光不同配比下青海电网弃电率和装机容量如图 5-6 所示。

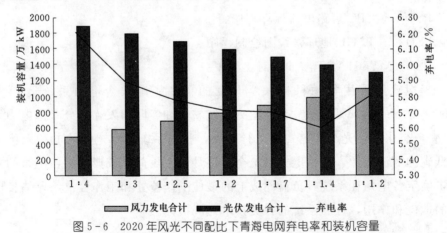

图 5-6 2020 年风光不同配比下青海电网弃电率和装机容量

基于以上结论，进一步开展清洁能源布局研究，结合清洁能源发展规划，并通过生成模拟计算，当海南州光伏发电装机容量 641 万 kW、风力发电装机容量 388 万 kW，海西州光伏发电装机容量 541 万 kW、风力发电装机容量 576 万 kW，其他地区光伏发电装机容量 219 万 kW、风力发电装机容量 35 万 kW 布局方案时，不会增加新的清洁能源调峰弃电量和网架约束弃电量，青海全网清洁能源弃电率保持不变。

在此并网优化布局方案下，直流配套清洁能源装机容量共 500 万 kW，其中光伏发电装机容量 300 万 kW（海南州 250 万 kW，海西州 50 万 kW），风电装机容量 200 万 kW（海南州 150 万 kW，海西州 50 万 kW）。

5.3.5 网源协调性分析

青海电网冬季方式下，水电机组开机总量将受到限制，较小的开机量使得直流近区动态电压无功支撑能力下降。经过仿真计算分析，在海南—西宁双回线的网架结构下。2020 年冬季光伏大出力方式下，海南—西宁双回 750kV 线路西宁侧三永 $N-1$ 故障后，系统暂态失稳。海南—西宁线路 $N-1$ 故障后系统暂态响应情况如图 5-7 和图 5-8 所示。

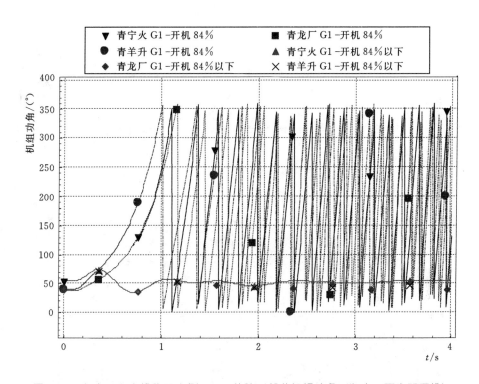

图 5-7　海南—西宁线路西宁侧 $N-1$ 故障后部分机组功角（海南—西宁双回线）

从上述分析可以看出，在海南—西宁双回线网架下，为保证海南州直流满功率送出，考虑建设海南—西宁第三回线 750kV 线路，加强海南直流近区交流网架结构，提升系统安全稳定水平，确保网源协调发展。

经仿真计算分析，在海南—西宁三回线的网架结构下，2020 年冬季光伏大出力方式，日月山—塔拉线路 $N-1$ 故障后系统暂态响应情况如图 5-9 和图 5-10 所示。

综合以上分析，建议"十三五"期间采取加强海南—西宁通道为三回线，加强青海海南州特高压直流近区交流骨干网架，实现网源协调发展。

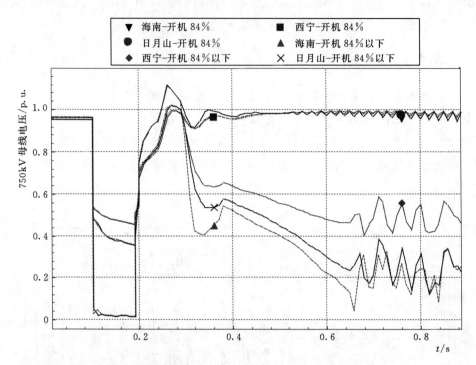

图 5-8　海南—西宁线路西宁侧 $N-1$ 故障后 750kV 母线暂态电压响应曲线

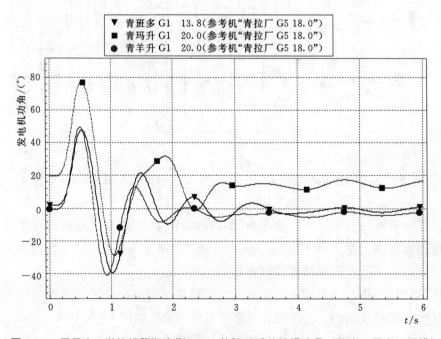

图 5-9　日月山—塔拉线路海南侧 $N-1$ 故障后部分机组功角（海南—西宁三回线）

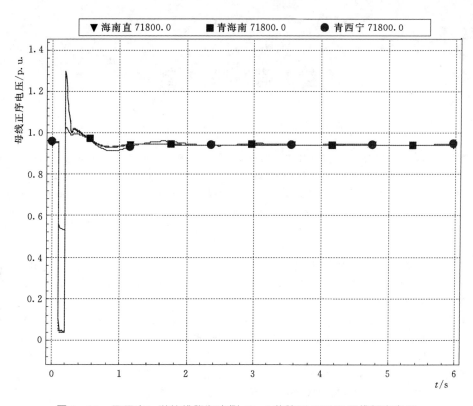

图 5 - 10 日月山—塔拉线路海南侧 $N-1$ 故障后 750kV 母线暂态电压
响应曲线（海南—西宁三回线）

参 考 文 献

［1］ 中国水力发电年鉴编辑部. 中国水力发电年鉴（第十八卷）［M］. 北京：中国电力出版社，2013.

［2］ 矫勇. 大坝水库与和谐发展——中国的探索与实践［J］. 中国水利，2009（12）：1-3.

［3］ ZHAO Xingang，LIU Lu，LIU Xiaomeng，et al. A critical analysis on the development of China hydropower［J］. Renewable Energy，2012，44：1-6.

［4］ Hino T. Hydropower development in Japan［J］. Comprehensive Renewable Energy，2012，6（2003）：265-307.

［5］ ZIMNY J，MICHALAK P，BIELIK S，et al. Directions in development of hydropower in the world，in Europe and Poland in the period 1995-2011［J］. Renewable and Sustainable Energy Reviews，2013，21（5）：117-130.

［6］ DELY G P C，LUIGIA B，IOANA P，et al. A GIS-based assessment of maximum potential hydropower production in La Plata basin under global changes［J］. Renewable Energy，2013，50：103-114.

［7］ 贾金生，马静. 保障足够的储水设施以应对气候变化［J］. 中国水利，2010（2）：14-17.

［8］ 徐长义. 水电开发在我国能源战略中的地位浅析［J］. 中国能源，2005（4）：26-30.

［9］ 钱玉杰. 我国水电的地理分布及开发利用研究［D］. 兰州：兰州大学，2013.

［10］ 贾金生，徐耀，马静，等. 关于水电回报率、与经济社会发展协调性及发展理念探讨［J］. 水力发电学报，2012（5）：1-5.

［11］ 兰江. 我国太阳能光伏发电现状及发展前景分析［J］. 中国高新技术企业，2016（25）：93-94.

［12］ 王琪，杨立权，韩东全. 我国太阳能光伏发电发展现状及前景［J］. 农业与技术，2015，35（23）：168-170.

［13］ 李瑞. 智能家居太阳能光伏发电系统设计与研究［D］. 长春：长春工业大学，2017.

［14］ 剧晶晶. 我国太阳能光伏发电的可行性研究与展望［J］. 山东工业技术，2017（14）：67-68.

［15］ 王振杰. 浅谈电气自动化在太阳能光伏发电中的应用［J］. 中国战略新兴产业，2018（4）：37.

［16］ 李娟，丁蕾，王娅. 太阳能光伏发电技术在绿色建筑中的应用分析［J］. 沈阳工程学院学报（自然科学版），2018（1）：1-4，22.

［17］ 李中校. 太阳能光伏发电系统在高原地区农村安全饮水工程中的应用［J］. 水利建设与管理，2017，37（3）：27-30.

［18］ 张红建，邹易，赵阔，等. 太阳能光伏发电技术在海南地区低温储粮中的应用研究［J］. 粮食与食品工业，2017（5）：73-76.

［19］ 马源锴. 太阳能光伏发电应用现状与发展前景［J］. 教育：文摘版，2015（10）：96-97.

［20］ 杨淳驿，孙骜. 太阳能光伏发电系统现状及前景分析［J］. 工程技术：引文版，2016（7）：209.

［21］ 王柯. 我国太阳能光伏发电现状及发展措施［J］. 科学与财富，2015（5）：77.

［22］ 吴翔. 我国风力发电现状与技术发展趋势［J］. 中国战略新兴产业，2017（11X）：225.

［23］ 侯喆瑞，张鑫，张嵩. 风力发电的发展现状与关键技术研究综述［J］. 智能电网，2014，2（2）：22-27.

［24］ 程明，张运乾，张建忠. 风力发电机发展现状及研究进展［J］. 电力科学与技术学报，2009（3）：

2 - 9.

［25］ 张伯泉，杨宜民. 风力和太阳能光伏发电现状及发展趋势 ［J］. 中国电力，2006 (6)：65 - 69.

［26］ 石文，李耀东. 我国风力发电发展存在的问题及健康发展策略 ［J］. 时代农机，2017 (1)：142.

［27］ 张育超，徐鹏程. 中国海上风电发展与环境问题研究 ［J］. 中国战略新兴产业，2017 (20)：31.

［28］ 王闻恺. 海上风电工程通航风险评价及安全保障研究 ［D］. 武汉：武汉理工大学，2013.

［29］ 卢正帅，林红阳，易杨. 风电发展现状与趋势 ［J］. 中国科技信息，2017 (2)：91 - 92.

［30］ 高超，贾娅娅，刘庆宽. 我国风电发展现状及前景 ［C］//西安第 27 届全国结构工程学术会议，2018.

［31］ 唐垒. 浅谈我国风电产业发展现状及前景 ［J］. 科技创业月刊，2014 (9)：44 - 45.

［32］ 李云云. 可持续发展视角下内蒙古风电发展政策执行初探 ［D］. 呼和浩特：内蒙古大学，2017.

［33］ 谢鲁冰，李帅，芮晓明，等. 海上风电机组维修优化研究综述 ［J］. 电力科学与工程，2018，34 (4)：57 - 65.